普通高等教育系列教材

Matlab/Simulink
动力学建模与控制仿真实例分析

王　砚　黎明安　郭旭侠　解　敏
马　凯　吴　昊　胡义锋　汝　艳　编著

机械工业出版社

本书结合力学方面常见的一些问题，分五大部分，即基本运算、常用功能模块、一般动力学系统仿真、振动系统仿真模型和动力学控制，介绍了 63 个设计实例。书末附录还给出了课程设计的研究题目以及课程设计范例，可供有关课程设计环节的专业学生选择使用。

本书为与机械工业出版社出版的《Matlab/Simulink 动力学系统建模与仿真》配套的参考书，可供读者在学习时参考，或在学习"动力学系统建模与仿真"课程的上机实践环节中使用，适合相关专业的本科生和研究生以及相关专业的工程技术人员参考。

本书配有仿真实例源程序及框图，读者可登录 www.cmpedu.com，输入书名、ISBN、作者等关键字搜索本书，在本书主页的"图书简介"栏目下获取下载链接。

图书在版编目（CIP）数据

Matlab/Simulink 动力学建模与控制仿真实例分析/王砚等编著 . —北京：机械工业出版社，2021.10（2024.6 重印）

普通高等教育系列教材

ISBN 978-7-111-69301-7

Ⅰ . ①M… Ⅱ . ①王… Ⅲ . ①计算机辅助计算-应用-动力系统-系统建模-高等学校-教学参考资料②计算机辅助计算-应用-动力系统-系统仿真-高等学校-教学参考资料 Ⅳ . ①TP391.75 ②O19

中国版本图书馆 CIP 数据核字（2021）第 201569 号

机械工业出版社（北京市百万庄大街 22 号　邮政编码 100037）

策划编辑：李永联　　　　　　责任编辑：李永联　李　乐
责任校对：樊钟英　王　延　封面设计：马精明
责任印制：郜　敏

北京富资园科技发展有限公司印刷

2024 年 6 月第 1 版第 4 次印刷

184mm×260mm · 11.5 印张 · 279 千字

标准书号：ISBN 978-7-111-69301-7

定价：39.00 元

电话服务　　　　　　　　　网络服务

客服电话：010-88361066　　机　工　官　网：www.cmpbook.com
　　　　　010-88379833　　机　工　官　博：weibo.com/cmp1952
　　　　　010-68326294　　金　书　网：www.golden-book.com

封底无防伪标均为盗版　机工教育服务网：www.cmpedu.com

前　言

　　本书是为"工程力学"专业系列课程编写的配套教材，其中涉及的专业课程有振动力学、动力学系统建模与仿真、动力学控制基础、动力学系统建模与仿真课程设计、仿真课程上机实践环节以及力学专业毕业设计等，其内容是教师在多年教学实践活动过程中不断积累的成果，早期曾以电子版的形式供本科生和研究生使用过多轮，经过不断修改和完善，现已成熟，终于定稿。本书对力学专业本科生以及相关工程专业研究生提高复杂系统建模能力、搭建仿真框图及编程计算的能力具有很好的促进作用。

　　本书共五部分。第 1 部分和第 2 部分是 Matlab/Simulink 的基本运算和常用功能模块的实例分析。第 3 部分和第 4 部分给出了一般动力学系统仿真和振动系统仿真模型的实例分析。第 5 部分给出了动力学控制系统建模与仿真实例分析。全书贯穿了 Matlab/Simulink 仿真技术。本书中的仿真实例均在 Matlab（R2010）下调试通过，建议读者在该版本环境下建立仿真模型。由于实现同一模型可以有不同的 Simulink 仿真模型方案，因此本书中所给出的仿真方案不一定是最佳方案。

　　本书由王砚、黎明安、郭旭侠、解敏、马凯、吴昊、胡义锋、汝艳编著。西安理工大学王忠民教授、师俊平教授审阅了全书，并提出了宝贵的修改意见。研究生应成狄、张昊伟、赵婕和杨宁等通读了全稿并进行了认真的校对，在此表示衷心的感谢！

　　西北工业大学支希哲教授、朱西平教授，空军工程大学冯立富教授，陕西理工大学张宝中教授，西安科技大学郭志勇教授，西安工业大学顾致平教授等在书稿撰写过程中给予了大力支持和帮助，在此表示衷心的感谢！

　　由于我们水平有限，本书还有很多需要改进的地方，敬请读者提出宝贵意见。

编著者

目　录

第1部分

基本运算

一、基本知识

在动力学仿真中，经常会涉及关于矩阵的运算，在矩阵运算中要符合运算规则，以及关于线性方程组的求解等众多问题。关于矩阵的其他有关理论请参考相关书籍，此书仅涉及在仿真过程中矩阵的处理方法。

二、仿真实例

在 Simulink 仿真中有很多模块可以接受矩阵，例如常数模块、增益模块等，本实例采用常数模块建立矩阵并输入数据，用加法模块对矩阵进行加减运算，利用乘法模块对矩阵实现乘法运算；使用 Display 模块显示矩阵的运算结果，运算结果如图 1-1 所示。

1. 矩阵的基本运算

设有矩阵

$$A = \begin{pmatrix} 5 & 2 & 3 \\ 4 & 5 & 6 \\ 7 & 8 & 9 \end{pmatrix}, \ B = \begin{pmatrix} 0 & 2 & 1 \\ 2 & 5 & 3 \\ 5 & 7 & 9 \end{pmatrix}$$

加法运算：

$$A + B = \begin{pmatrix} 5 & 4 & 4 \\ 6 & 10 & 9 \\ 12 & 15 & 18 \end{pmatrix}$$

减法运算：

1

$$A - B = \begin{pmatrix} 5 & 0 & 2 \\ 2 & 0 & 3 \\ 2 & 1 & 0 \end{pmatrix}$$

元素乘法运算：

$$A \cdot B = \begin{pmatrix} 0 & 4 & 3 \\ 8 & 25 & 18 \\ 35 & 56 & 81 \end{pmatrix}$$

矩阵相乘运算：

$$A \times B = \begin{pmatrix} 19 & 41 & 38 \\ 40 & 75 & 73 \\ 61 & 117 & 112 \end{pmatrix}$$

元素相除运算：

$$B \div A = \begin{pmatrix} 0 & 1 & 0.3333 \\ 0.5 & 1 & 0.5 \\ 0.7143 & 0.875 & 1 \end{pmatrix}$$

矩阵相除（右除）运算：

$$A/B = A \times B^{-1} = \begin{pmatrix} -0.75 & -1.833 & 1.583 \\ -1.25 & -4.5 & 3.75 \\ 0 & 3 & -1 \end{pmatrix}$$

将以上运算绘制成 Simulink 仿真框图，如图 1-1 所示。

在该实例中，应注意矩阵的元素相乘和矩阵相乘的区别。

2. 关于线性代数方程组求解一

设有一线性方程组 $AX = B$，当其系数矩阵 A 可逆时，可得到其解为 $X = A^{-1}B$。因此，在求解时要注意检验矩阵 A 的逆矩阵是否存在。在利用 Simulink 建立的仿真模型中，使用常数模块建立矩阵 A 和 B，通过信号合成器接受矩阵。Simulink 解线性方程组的仿真框图如图 1-2 所示。

3. 关于线性代数方程组求解二

除上述方法外，还可以应用 Matlab Function 模块计算求解，使用 Display 模块显示运算结果。

在 Matlab 中建立 M 文件如下：

```
function[x] = juzhenfz(u);% 其中 x 是输出(向量)，u 是输入(向量)
a = [u(1),u(2),u(3);u(4),u(5),u(6);u(7),u(8),u(9)]
b = [u(10);u(11);u(12)]
x = inv(a) * b
```

在 Matlab Function 模块的函数名称框中填写 juzhenfz，矩阵维数写为 3。仿真框图如图 1-3 所示。

应注意的问题：

（1）在矩阵乘法运算中，有矩阵元素相乘 Element – wise （. ∗）和矩阵相乘 Matrix （∗）的区别，矩阵元素相乘是指两个矩阵中的对应元素相乘；而矩阵相乘是按矩阵乘法规则运算的。

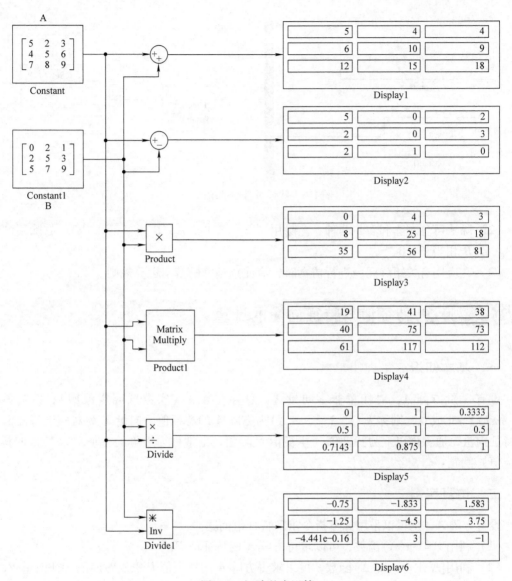

图1-1 矩阵基本运算

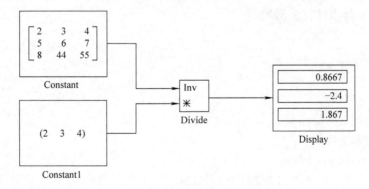

图1-2 线性方程组的求解一

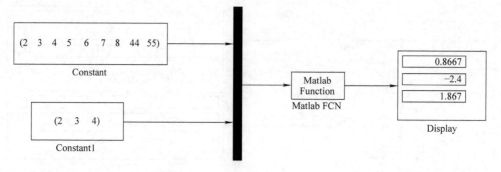

图 1-3　线性方程组的求解二

（2）除法可分左除和右除两种：左除用"\"实现，$A \backslash B$ 相当于 $A^{-1}B$；右除用"/"实现，A/B 相当于 AB^{-1}。

（3）在应用有关矩阵问题进行仿真时，应注意矩阵的基本运算规则。

设计实例 2　特征值与特征向量的计算

一、基本知识

设有 N 阶方阵 A，对任意非零向量 X，总存在数 λ（实数域或复数域），使方程组 $(A - \lambda I)X = 0$ 成立，则称 $\lambda_i (i = 1, 2, \cdots, N)$ 为方阵 A 的特征值，向量 X_i 为对应于特征值 λ_i 的特征向量，通常称以上为特征值（本征值）问题，也常称为矩阵的特征对（特征向量和特征值）问题。

二、仿真实例

设有方阵 A，则可以采用如下指令求解特征值问题。

（1）利用 $P = \mathrm{eig}(A)$ 函数，可以求得方阵 A 的特征值 P；

（2）利用 $[V, P] = \mathrm{eig}(A)$ 函数，可以求得方阵 A 的特征值 P 以及对应的特征向量 V；

（3）利用 $[V, P] = \mathrm{eig}(A, B)$ 函数，可以求得广义特征值 P 和对应的特征向量 V。

仿真实例 1　标准特征值问题

设有方阵

$$A = \begin{pmatrix} 3 & -4 & 3 \\ -4 & 6 & 3 \\ 3 & 3 & 1 \end{pmatrix}$$

求该矩阵的特征值与特征向量。

解：建立脚本文件如下：

```
A = [3 -4 3; -4 6 3; 3 3 1];
P = eig(A)                % 仅计算矩阵 A 的特征值
[V,P] = eig(A)            % 输出矩阵 A 的特征向量与特征值
```

运行脚本文件，可得如下结果：

P =
　－3. 5995
　　4. 7296
　　8. 8699
V =
　－0. 5818　　0. 6312　　0. 5130
　－0. 4534　　0. 2719　－0. 8488
　　0. 6752　　0. 7264　－0. 1280
P =
　－3. 5995　　　0　　　　0
　　0　　　　4. 7296　　　0
　　0　　　　0　　　　8. 8699

仿真实例 2　广义特征值问题

在振动问题分析中，往往需要求解广义特征值问题。

解： 设有同维矩阵 A 和 B，对任意非零向量 X，总存在数 λ（实数域或复数域），使方程组 $(A-B\lambda)X=0$ 成立，则称 $\lambda_i(i=1,2,\cdots,N)$ 为矩阵 A 的特征值，向量 X_i 为对应于特征值 λ_i 的特征向量。通常称以上为广义特征值（广义本征值）问题。可以将上式写成为 $AX=B\lambda X$。当矩阵 B 可逆时，即可化为标准特征值问题，即 $(B^{-1}A-\lambda I)X=0$。令 $C=B^{-1}A$，可得矩阵 C 的标准特征值问题。脚本文件如下：

```
clc
A = [1 0 0; 0 1 0;0 0 1];
B = [2 -1 0; -1 2 -1;0 -1 1];
C = inv (B) * A
P0 = eig(C)          % 仅得到特征值
[V,P] = eig(C)       % 使用标准特征值解法
V1 = [V(:,1)/V(1,1) V(:,2)/V(1,2) V(:,3)/V(1,3)]
[V2,P2] = eig(A,B)   % 使用广义特征值解法
V3 = [V2(:,1)/V2(1,1) V2(:,2)/V2(1,2) V2(:,3)/V2(1,3)]
```

运行结果为

C = 1.0000　　1. 0000　　1. 0000
　　1. 0000　　2. 0000　　2. 0000
　　1. 0000　　2. 0000　　3. 0000
P0 = 0. 3080
　　0. 6431
　　5. 0489
V = 0. 5910　　0. 7370　　0. 3280
　－0. 7370　　0. 3280　　0. 5910
　　0. 3280　－0. 5910　　0. 7370
P = 0. 3080　　　0　　　　0
　　0　　　　0. 6431　　0
　　0　　　　0　　　　5. 0489

$$V1 = \begin{matrix} 1.0000 & 1.0000 & 1.0000 \\ -1.2470 & 0.4450 & 1.8019 \\ 0.5550 & -0.8019 & 2.2470 \end{matrix}$$

$$V2 = \begin{matrix} 0.3280 & 0.5910 & 0.7370 \\ -0.4090 & 0.2630 & 1.3280 \\ 0.1820 & -0.4740 & 1.6560 \end{matrix}$$

$$P2 = \begin{matrix} 0.3080 & 0 & 0 \\ 0 & 0.6431 & 0 \\ 0 & 0 & 5.0489 \end{matrix}$$

$$V3 = \begin{matrix} 1.0000 & 1.0000 & 1.0000 \\ -1.2470 & 0.4450 & 1.8019 \\ 0.5550 & -0.8019 & 2.2470 \end{matrix}$$

注意：由于特征向量的任一列可以允许相差一常倍数，为了比较结果，通常对标准特征值问题和广义特征值问题的特征向量的每一列均除以各列的第一个元素，使各特征向量的第一个元素均为 1，这样得到的结果就统一了。

仿真实例 3　多自由度振动系统的广义特征对问题

设三自由度离散系统的动力学方程为

$$M\ddot{X} + KX = 0$$

其中质量矩阵 M 和刚度矩阵 K 分别为

$$M = \begin{pmatrix} 1 & 0 & 0 \\ 0 & 2 & 0 \\ 0 & 0 & 1 \end{pmatrix}, \ K = \begin{pmatrix} 2 & -1 & 0 \\ -1 & 2 & -1 \\ 0 & -1 & 1 \end{pmatrix}$$

求系统的固有频率和振型矩阵，以及主质量矩阵和主刚度矩阵。

解：系统的特征对问题为　　　　　　$(K - \lambda M)A = 0$

当 M 为非奇异矩阵时，则有　　　　　$(M^{-1}K - \lambda I)A = 0$

令

$$C = M^{-1}K$$

即可化为标准特征值问题：$(C - \lambda I)A = 0$

在 Matlab 命令空间中编写脚本文件如下：

```
clc
M = [1 0 0;0 2 0;0 0 1];                % 质量矩阵
K = [2 -1 0;-1 2 -1;0 -1 1];           % 刚度矩阵
C = inv(M) * K;                         % inv(M)求 M 的逆矩阵
%[V,P] = eig(C)                         % 化为标准特征值问题，V 是特征向量，P 是特征值
[V,P] = eig(K,M)                        % 广义特征值问题
PD = sqrt(P)                            % 求系统的固有频率
MP = V' * M * V                         % 求系统的主质量矩阵
KP = V' * K * V                         % 求系统的主刚度矩阵
V1 = [V(:,1)/V(1,1),V(:,2)/V(1,2),V(:,3)/V(1,3)]
% 振型矩阵各列除以第一个元素
```

VN = [V(: ,1)/sqrt(MP(1,1)) , V(: ,2)/sqrt(MP(2,2)) , V(: ,3)/sqrt(MP(3,3))]

% 归一化振型矩阵

x = [0 1 2 3] ; y0 = [0 0 0 0] ; % x 表示三质点位置, y0 设置一条水平线

X1 = [0 ; VN(: ,1)]' ;

X2 = [0 ; VN(: ,2)]' ;

X3 = [0 ; VN(: ,3)]' ;

plot(x,X1,x,X2,x,X3,x,y0) ,hold on　　　　　% 画出折线振型图

plot(x,X1,'o',x,X2,'o',x,X3,'o') ,grid on　　　　% 画出折线振型图

运行结果如下:

特征向量: V = 0.2818　　　−0.5059　　　0.8152

　　　　　　　0.5227　　　−0.3020　　　−0.3682

　　　　　　　0.6116　　　0.7494　　　0.2536

特征值: P = 0.1454　　　0　　　　0

　　　　　　0　　　　1.4030　　　0

　　　　　　0　　　　0　　　　2.4516

固有频率: PD = 0.3813　　　0　　　　0

　　　　　　　0　　　　1.1845　0

　　　　　　　0　　　　0　　　　1.5658

主质量矩阵: MP = 1.0000　　　0.0000　　　0.0000

　　　　　　　　0.0000　　　1.0000　　　0.0000

　　　　　　　　0.0000　　　0.0000　　　1.0000

主刚度矩阵: KP = 　0.1454　　　−0.0000　　　−0.0000

　　　　　　　　−0.0000　　　1.4030　　　−0.0000

　　　　　　　　−0.0000　　　0.0000　　　2.4516

主振型矩阵: V1 = 1.0000　　　1.0000　　　1.0000

　　　　　　　　1.8546　　　0.5970　　　−0.4516

　　　　　　　　2.1701　　　−1.4812　　　0.3111

归一化振型: VN = 0.2818　　　−0.5059　　　0.8152

　　　　　　　　0.5227　　　−0.3020　　　−0.3682

　　　　　　　　0.6116　　　0.7494　　　0.2536

特征向量: V = 0.2818　　　−0.5059　　　0.8152

　　　　　　　0.5227　　　−0.3020　　　−0.3682

　　　　　　　0.6116　　　0.7494　　　0.2536

特征值: P = 0.1454　　　0　　　　0

　　　　　　0　　　　1.4030　　　0

　　　　　　0　　　　0　　　　2.4516

固有频率: PD = 0.3813　　　0　　　　0

　　　　　　　0　　　　1.1845　　　0

　　　　　　　0　　　　0　　　　1.5658

主质量矩阵：MP = 1.0000   0.0000   0.0000

　　　　　　　　 0.0000   1.0000   0.0000

　　　　　　　　 0.0000   0.0000   1.0000

主刚度矩阵：KP =   0.1454   − 0.0000   − 0.0000

　　　　　　　　 − 0.0000   1.4030   − 0.0000

　　　　　　　　 − 0.0000   0.0000   2.4516

主振型矩阵：V1 = 1.0000   1.0000   1.0000

　　　　　　　　 1.8546   0.5970   − 0.4516

　　　　　　　　 2.1701   − 1.4812   0.3111

归一化振型：VN = 0.2818   − 0.5059   0.8152

　　　　　　　　 0.5227   − 0.3020   − 0.3682

　　　　　　　　 0.6116   0.7494   0.2536

振型图如图 1-4 所示。

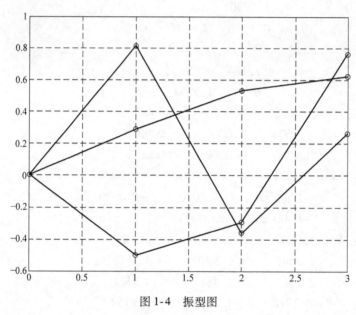

图 1-4　振型图

以上过程是应用脚本文件计算的，也可以采用 Simulink 仿真框图，借助于自定义函数模块实现。

设计实例3　卷积积分计算

一、基本知识

卷积积分在数学和力学中经常用到，它可以表示出两个函数之间的相互联系。设有两函数 $x_1(t)$ 和 $x_2(t)$，定义二者的卷积为 $y(t) = \int_{-\infty}^{+\infty} x_1(t) x_2(t-\tau) \mathrm{d}\tau$。求卷积 $y(t)$，可以认为是在 τ 域上对 $x_1(t) x_2(t-\tau)$ 做积分运算。一般把 t 视为一个常量，然后对 τ 积分，以得到

新函数的解析式 $y(t)$。被积函数 $x_1(t)x_2(t-\tau)$ 中的 $x_2(t-\tau)$ 可以认为是把 $x_2(\tau)$ 以 y 轴为对称轴对称翻转后得到 $x_2(-\tau)$ 的图形,然后把 $x_2(-\tau)$ 的图形向 x 轴正方向移动 t 而得到。卷积积分 $y(t)$ 的图形就是 $x_2(t-\tau)$ 和 $x_1(t)$ 在不同的 t 重合的面积。

二、仿真实例

采用乘积函数 conv(x1,x2) 可以计算两个函数的卷积积分;应用函数 conv 不但可以计算卷积运算,还可以计算多项式的乘法运算。由于在离散系统中 x_1 和 x_2 是两个序列,因此实际上 conv(x1,x2) 是计算两个序列的卷积积分。

仿真实例 1 设有两个时域函数 $x_1(t)$ 和 $x_2(t)$ 分别为

$$x_1(t) = \begin{cases} 1 & -1 \leq t \leq 1 \\ 0 & \text{其他} \end{cases} ; \qquad x_2(t) = \begin{cases} 0.5t & 0 \leq t \leq 3 \\ 0 & \text{其他} \end{cases}$$

计算两函数的卷积积分。

求解方法,首先将两个连续函数离散为序列,设采样步长为 0.001s,M 文件如下:

```
clear all
clc
dt = 0.001;
t1 = -1:dt:1;
x1 = ones(size(t1));            % x1 函数
t2 = 0:dt:3;x2 = 0.5*t2;        % x2 函数
y = conv(x1,x2)*dt;             % 计算序列 x1 与 x2 的卷积 y
t0 = t1(1) + t2(1);             % 计算序列 y 非零值的起点位置
t3 = length(x1) + length(x2) -2; % 计算卷积 y 的非零值的宽度
t = t0:dt:(t0 + t3*dt);         % 确定卷积 y 非零值的时间坐标
subplot(2,2,1);plot(t1,x1);title('x1(t)');xlabel('t1'); grid   % 在子图 1 绘 x1(t) 的时域波形图
subplot(2,2,2);plot(t2,x2);title('x2(t)');xlabel('t2'); grid   % 在子图 2 绘 x2(t) 的时域波形图
subplot(2,2,3);plot(t,y); h = get(gca,'position'); grid        % 画卷积 y(t) 的时域波形图
h(3) = 2.3*h(3);                % 获取坐标轴的位置属性
set(gca,'position',h)           % 将第三个子图的横坐标范围扩大为原来的 2.3 倍
title('y(t) = x1(t)*x2(t)');xlabel('t')
```

函数 $x_1(t)$ 和 $x_2(t)$ 以及二者卷积积分 $y(t)$ 的曲线如图 1-5 所示。

根据卷积积分公式可以得到

$$y(t) = \begin{cases} \dfrac{t^2}{4} + \dfrac{t}{2} + \dfrac{1}{4} & -1 < t < 1 \\ t & 1 < t < 2 \\ -\dfrac{t^2}{4} + \dfrac{t}{2} + 2 & 2 < t < 4 \\ 0 & \text{其他} \end{cases}$$

仿真实例 2 应用卷积积分求单自由度振动系统在任意激励下的响应。

设单自由度系统在任意激励 $F(t)$ 下的动力学方程为

$$m\ddot{x} + c\dot{x} + kx = F(t)$$

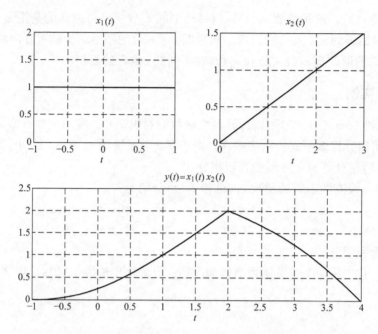

图 1-5 函数 $x_1(t)$ 和 $x_2(t)$ 以及二者卷积积分 $y(t)$

其中，$m = 4(\text{kg})$，$k = 100(\text{N/m})$，$c = 4(\text{N} \cdot \text{s/m})$。上述动力学方程的标准形式为

$$\ddot{x} + 2\xi\omega\dot{x} + \omega^2 x = \frac{F(t)}{m}$$

其中，无阻尼固有频率 $\omega = \sqrt{\dfrac{k}{m}} = 5$，阻尼比 $\xi = \dfrac{c}{2\sqrt{mk}} = 0.1$；阻尼固有频率为 $\omega_{\text{d}} = \sqrt{1 - \xi^2}\,\omega$。

可以得到单位脉冲响应函数为

$$h(t) = \frac{1}{m\omega_{\text{d}}} \text{e}^{-\xi\omega t} \sin\omega_{\text{d}} t$$

假定外部干扰力为

$$F(t) = 1, \ 0 < t < 5$$

根据杜哈梅积分，可得系统的响应为

$$x(t) = \frac{1}{m\omega_{\text{d}}} \int_0^t F(\tau) \text{e}^{-\xi\omega(t-\tau)} \sin\omega_{\text{d}}(t - \tau) \text{d}\tau$$

当 $0 < t < 5\text{s}$ 时积分结果为受迫振动，当 $t \geq 5\text{s}$ 时积分结果为自由振动。

脚本文件如下：

```
clear all
clc
m = 4;c = 4;k = 100;
p = sqrt(k/m);              %计算固有频率
ks = c/(2 * sqrt(m * k));   %计算阻尼比
pd = p * sqrt(1 - ks * ks); %计算阻尼系统固有频率
```

```
dt = 0.01;                          % 步长
t1 = 0:dt:5;                        % 激励作用时间
f1 = ones(size(t1));               % 构造单位矩阵
t2 = 0:dt:5;
f2 = exp( - ks * p * t2). * sin( pd * t2)/m/pd;
f = conv(f1,f2);                   % 卷积积分
f = f * dt;                         % 修正项
t0 = t1(1) + t2(1);                % 计算序列非零值的起点位置
t3 = length(f1) + length(f2) - 2;  % 计算卷积的非零值的宽度
t = t0:dt:(t0 + t3 * dt);
subplot(2,2,1);plot(t1,f1); title('x(t)'); xlabel('t1'); grid    % 在子图 1 绘 x(t) 的时域波形图
subplot(2,2,2);plot(t2,f2);title('h(t)'); xlabel('t2'); grid     % 在子图 2 绘 h(t) 的时域波形图
subplot(2,2,3);plot(t,f); w = get(gca,'position'); grid          % 画卷积 y(t) 的时域波形图
w(3) = 2.3 * w(3);                                               % 获取坐标轴的未知属性
set(gca,'position',w)              % 将第三个子图的横坐标范围扩大为原来的 2.3 倍
title('y(t) = x(t) * h(t)');xlabel('t');ylabel('y(t)')
```

函数 $x(t)$ 和 $h(t)$ 以及二者卷积积分 $y(t)$ 的曲线如图 1-6 所示。

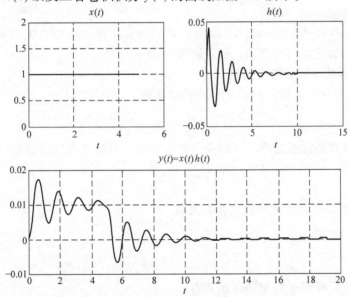

图 1-6　函数 $x(t)$ 和 $h(t)$ 以及二者卷积积分 $y(t)$

从响应图中可以看到：在有激励作用的一段时间内，系统在静变形 $1/k = 0.01$ 附近做振动；当激励结束后（5s 后），系统做自由衰减振动。

设计实例 4　随机信号分析

一、基本知识

在动态系统仿真中遇到随机激励或随机响应情况时，通常要对多个样本信号进行统计分析，最常用的有均值、方差、均方差，在概率分布使用中，最常用的有高斯分布。

1. 均值

离散随机序列模型的均值数学定义为

$$u(X) = \frac{\sum\limits_{i=1}^{N} x_i}{N}$$

Matlab 函数为 mean(X)。

如果 **X** 是一个矩阵，则其均值是一个向量组。mean(X,1)为列向量的均值，mean(X，2)为行向量的均值。若要求整个矩阵的均值，则为 mean(mean(X))。也可使用 mean2(x)函数。

2. 中值函数

Median(X)，求一组数据的中值，用法与 mean 相同。

3. 方差

数学定义

$$D(X) = \sigma^2(x) = \frac{\sum\limits_{i=1}^{N} (x_i - u)^2}{N}$$

Matlab 函数为 var(X)。

均方差函数 std()，例如：std(X，0，1) 求列向量方差，std(X，0，2) 求行向量方差。若要求整个矩阵所有元素的均方差，则要使用 std2() 函数。

4. 概率分布函数与概率密度函数

设 $F(x)$ 为概率分布函数，$\varphi(x)$ 为概率密度函数，则有

$$F(x) = P(X \leqslant x) = \int_{-\infty}^{x} \varphi(x)\,\mathrm{d}x$$

在实际工程中，经常遇到正态分布（高斯分布）情况，其概率密度函数为

$$\varphi(x) = \frac{1}{\sqrt{2\pi}} e^{-\frac{(x-u)^2}{2\sigma^2}}$$

5. 均值、方差与概率密度函数之间的关系

$$u(X) = \int_{-\infty}^{+\infty} x\varphi(x)\,\mathrm{d}x$$

$$D(X) = E\left[X - E(X)\right]^2 = E(X^2) - E^2(X)$$

生成正态分布概率密度的 Matlab 函数有：

R = normrnd(u,sigma)   %生成均值为 u，标准差为 sigma 的正态随机数
R = normrnd(u,sigma,[1,m])   %生成 1 × m 个正态随机数
R = normrnd(u,sigma,[m,n])   %生成 m 行 n 列的 m × n 个正态随机数

二、仿真实例

下面介绍 Matlab 函数的几个应用。

1. 生成 5 个正态分布（0，1）随机数

R = normrnd(0,1,[1 5])
 > >R = normrnd(0,1,[1 5])
运行结果

R =

    0.1139   1.0668   0.0593   −0.0956   −0.8323

2. 生成均值依次为 [1，2，3；4，5，6]，方差为 0.1 的 2×3 个正态随机数

R = normrnd([1 2 3;4 5 6],0.1,2,3)

运行结果

R = normrnd([1 2 3;4 5 6],0.1,2,3)

  R =

    1.0294   2.0714   2.9308

    3.8664   5.1624   6.0858

3. 绘制高斯分布图

高斯曲线生成的 Matlab 脚本文件为：

```
clear
u = -6;sigma = 1;                        % 均值 u = -6，方差 sigma = 1
x = -10:0.0001:10;
figure(1)
y = (1/((sqrt(2*pi))*sigma))*exp(-((x-u).^2)/(2*sigma.^2));  % 正态分布
plot(x,y,'b','LineWidth',1.5);
hold on;                                 % 三个图形画在一张图上
u = 6;sigma = 1;                         % 均值 u = 6，方差 sigma = 1
x = -10:0.0001:10;
y = (1/((sqrt(2*pi))*sigma))*exp(-((x-u).^2)/(2*sigma.^2));
plot(x,y,'-g','LineWidth',1.5);
u = 0;sigma = 1;                         % 均值 u = 0，方差 sigma = 1
x = -10:0.0001:10;
y = (1/((sqrt(2*pi))*sigma))*exp(-((x-u).^2)/(2*sigma.^2));
plot(x,y,'r','LineWidth',1.5);grid;
xlabel('方差 sigma = 1');
ylabel('f(x)');
legend('u = -6','u = +6','u = 0')
title('正态随机过程一维概率密度函数(高斯曲线)');grid;hold off    % 关闭
grid;
% 均值不变，改变方差 - sigma 大小
figure(2)
u = 0;sigma = 1/2;                       % 均值 u = 0，方差 sigma = 1/2
y = (1/((sqrt(2*pi))*sigma))*exp(-((x-u).^2)/(2*sigma.^2));
plot(x,y,'r','LineWidth',1.5);grid;
hold on;
u = 0;sigma = 1;                         % 均值 u = 0，方差 sigma = 1
x = -10:0.0001:10;
y = (1/((sqrt(2*pi))*sigma))*exp(-((x-u).^2)/(2*sigma.^2));
plot(x,y,'b','LineWidth',1.5);grid;
u = 0;sigma = 2;                         % 均值 u = 0，方差 sigma = 2
x = -10:0.0001:10;
y = (1/((sqrt(2*pi))*sigma))*exp(-((x-u).^2)/(2*sigma.^2));
plot(x,y,'m','LineWidth',1.5);grid;
```

u = 0；sigma = 4；   % 均值 u = 0，方差 sigma = 4

x = − 10：0. 0001：10；

y = (1/((sqrt(2 * pi)) * sigma)) * exp(− ((x − u). ^2)/(2 * sigma. ^2)) ；

plot(x , y , 'k' , 'LineWidth' , 1. 5) ; grid；

xlabel('均值 u = 0') ；

ylabel('f(x)') ; grid；

legend('sigma = 0. 5' , 'sigma = 1' , 'sigma = 2' , 'sigma = 4')

title('正态随机过程一维概率密度函数(高斯曲线)') ; grid；

hold off；   % 关闭

grid

运算结果如图 1-7 和图 1-8 所示。

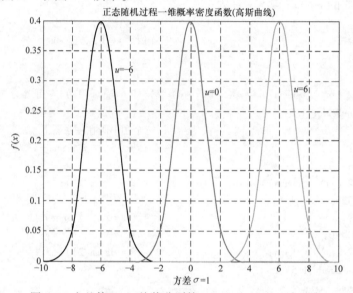

图 1-7   方差等于 1，均值分别等于 − 6、0、6 的正态分布

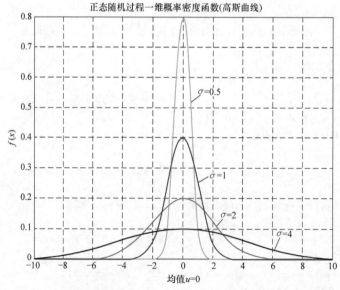

图 1-8   方差分别等于 0. 5、1、2、4，均值等于 0 的正态分布

设计实例 5 离散系统的差商和差分的仿真模型

一、基本知识

离散系统指系统的输出和输入只能在某些特定的点上取值，设离散系统的数学模型为

$$\frac{\mathrm{d}y}{\mathrm{d}t} = f(t)$$

根据数值微分，上式可写成如下近似式：

$$\frac{\mathrm{d}y}{\mathrm{d}t} \approx \frac{y(k) - y(k-1)}{T} = f(t)$$

1. 近似数值积分递推公式

$$y(k) = y(k-1) + Tf(k-1)$$

其中，T 为采样步长，也可以用

$$y(k) = y(k-1) + Tf(k)$$

或

$$y(k) = y(k-1) + \frac{T}{2}[f(k-1) + f(k)]$$

2. 数值差商递推公式

根据近似差商有

$$\left.\frac{\mathrm{d}f}{\mathrm{d}t}\right|_{t=k} \approx \frac{f(k) - f(k-1)}{T}$$

其中，T 是采样周期。

3. 二阶近似差商递推公式

$$\frac{\mathrm{d}}{\mathrm{d}t}\left(\frac{\mathrm{d}y}{\mathrm{d}t}\right) \approx \frac{\dot{y}(k) - \dot{y}(k-1)}{T} = \frac{1}{T}\left[\frac{y(k) - y(k-1)}{T} - \frac{y(k-1) - y(k-2)}{T}\right]$$

$$= \frac{1}{T^2}[y(k) - 2y(k-1) + y(k-2)]$$

当然，还可以得到更高阶的差商公式，此处从略。

二、仿真实例

设多自由度离散系统的动力学方程如下：

$$M\ddot{Y} + C\dot{Y} + KY = F(t)$$

初始条件为 $\qquad Y(t_0) = Y_0, \dot{Y}(t_0) = \dot{Y}_0$

将以上两式记为另一种常用形式，具体如下：

动力学方程为

$$[m]\{\ddot{y}\} + [c]\{\dot{y}\} + [k]\{y\} = \{F(t)\}$$

初始条件为 $\qquad \{y(t_0)\} = \{y\}_0, \{\dot{y}(t_0)\} = \{\dot{y}\}_0$

利用一阶和二阶差商格式，可得响应的递推公式为

$$\{y(k+1)\} = [A(\Delta t)]\{y(k)\} + [B(\Delta t)]\{y(k-1)\} + [C(\Delta t)]\{F(k)\} \qquad (*)$$

其中，

$$[A(\Delta t)] = 2(2[m] - [k](\Delta t)^2) \cdot (2[m] + [c]\Delta t)^{-1}$$

$$[B(\Delta t)] = ([c]\Delta t - 2[m]) \cdot (2[m] + [c]\Delta t)^{-1}$$

$$[C(\Delta t)] = 2(\Delta t)^2 (2[m] + [c]\Delta t)^{-1}$$

利用初始条件可以得到系统外插值为

$$y(1) = \frac{1}{2}[(\Delta t)^2 [m]^{-1}\{F(0)\} + (2\Delta t \boldsymbol{I} - (\Delta t)^2 [c][m]^{-1})\dot{y}(0) + (2\boldsymbol{I} - (\Delta t)^2 [k][m]^{-1})y(0)]$$

$$y(-1) = \frac{1}{2}[(\Delta t)^2 [m]^{-1}\{F(0)\} - (2\Delta t \boldsymbol{I} + (\Delta t)^2 [c][m]^{-1})\dot{y}(0) + (2\boldsymbol{I} - (\Delta t)^2 [k][m]^{-1})y(0)]$$

初始速度和初始位移为零，即 $\dot{y}(0) = y(0) = 0$ 时，则有

$$y(-1) = y(1) = \frac{(\Delta t)^2}{2}[m]^{-1}\{F(0)\}$$

使用离散模块库中的 unit delay（单位延迟模块），在该模块中的采样周期（sample time）和递推公式中的采样周期 T 相同，在图 1-9 中使用了采样周期为 0.01s 的双自由度系统的离散仿真模型。

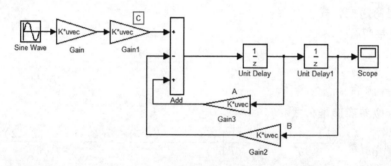

a) 离散系统的仿真框图

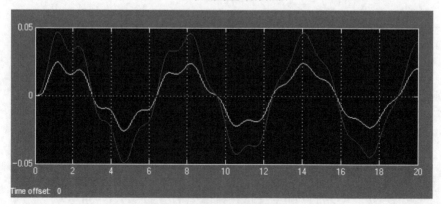

b) 离散系统的仿真结果

图　1-9

$$\begin{pmatrix} 1 & 0 \\ 0 & 1 \end{pmatrix} \begin{Bmatrix} \ddot{x}_1 \\ \ddot{x}_2 \end{Bmatrix} + \begin{pmatrix} 0.5 & -0.25 \\ -0.25 & 0.25 \end{pmatrix} \begin{Bmatrix} \dot{x}_1 \\ \dot{x}_2 \end{Bmatrix} + \begin{pmatrix} 100 & -50 \\ -50 & 50 \end{pmatrix} \begin{Bmatrix} x_1 \\ x_2 \end{Bmatrix} = \begin{Bmatrix} 0 \\ 1 \end{Bmatrix} \sin t$$

初始条件为

$$\begin{Bmatrix} x_1(0) \\ x_2(0) \end{Bmatrix} = \begin{Bmatrix} 0 \\ 0 \end{Bmatrix}, \begin{Bmatrix} \dot{x}_1(0) \\ \dot{x}_2(0) \end{Bmatrix} = \begin{Bmatrix} 0 \\ 0 \end{Bmatrix}$$

根据公式（＊），易得递推公式的各项系数为

$$A(\Delta t) = \begin{pmatrix} 1.9850 & 0.0075 \\ 0.0075 & 1.9925 \end{pmatrix}, B(\Delta t) = -\begin{pmatrix} 0.9950 & 0.0025 \\ 0.0025 & 0.9975 \end{pmatrix},$$

$$C(\Delta t) = 10^{-4} \begin{pmatrix} 0.9975 & 0.0012 \\ 0.0012 & 0.9988 \end{pmatrix}$$

本设计实例的仿真框图及仿真结果曲线图分别如图 1-9a、b 所示。

设计实例 6 简谐波的合成——李萨如图形

一、基本知识

当满足一定条件的两个周期信号在两个垂直方向进行合成时，会得到各种图案，利用这些特定的图案可以识别动态系统的频率，因此在振动测试中经常会采用这种方法。

设有两个正弦信号

$$x(t) = A_1 \sin(2\pi f_x + \varphi_x)$$
$$y(t) = A_2 \sin(2\pi f_y + \varphi_y)$$

则合成后的信号图像，与频率比 $\lambda = f_y/f_x$ 和相位差 $\Delta \varphi = \varphi_y - \varphi_x$ 以及幅值有关。

当两个信号相位差为 90°时，合成图形为正椭圆；此时若两个信号的振幅相同，则合成图形为圆；当两个信号相位差为 0°时，合成图形为直线，此时若两个信号振幅相同，则为与 x 轴成 45°的直线。

在振动试验中，将被测频率的信号和频率已知的标准信号分别加至示波器 Y 轴输入端和 X 轴输入端，在示波器显示屏上将出现一个合成图形，根据这个图形就可以得到被测信号的频率和相位。

二、仿真实例

设有两个信号 $x(t) = \sin t$，$y(t) = 3\sin(3t + \pi/4)$，则其合成的仿真框图如图 1-10a 所示，且其合成后的李萨如图形如图 1-10b 所示。

利用李萨如图形，可以测量某个未知信号的频率和相位。

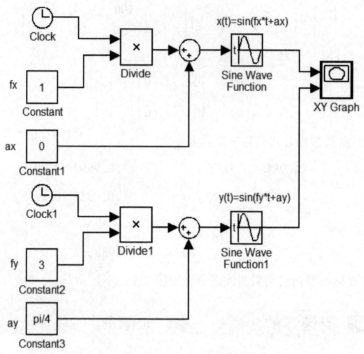

a) 被测信号和标准信号合成的仿真框图

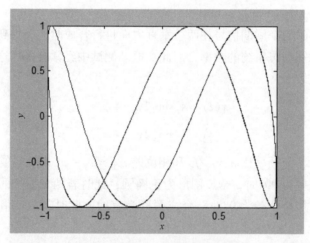

b) 被测信号和标准信号合成后的李萨如图形

图 1-10

设计实例 7 振动与"拍"现象

一、基本知识

根据信号合成理论，当有两个周期接近的正弦信号在同一方向合成后，可合成另一个新的幅值包络线做周期变换的信号，这种现象称为"拍"现象。在以下该仿真模型中使用了双线示波器，改变两个正弦信号的频率，用以观察信号的合成情况。在"拍"现象仿真中，如图 1-11 所示，设置示波器的频率为 5rad/s 和 5.5rad/s，用示波器观察合成信号的波形。

在振动测试过程中，可以利用拍现象来检测被测信号的频率近似值。

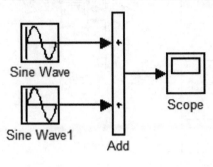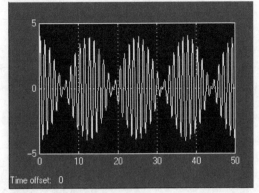

图 1-11　"拍"现象的仿真框图和"拍"现象图

二、仿真实例

下面利用复合双摆振动模型来实现这种现象，振动系统中的双摆系统如图 1-12 所示，设双摆系统的弹簧到悬挂点的距离为 a，经线性化处理后，双摆的动力学方程（振动方程）为

$$ml^2\ddot{\varphi}_1 + mgl\varphi_1 + ka^2(\varphi_1 - \varphi_2) = 0$$
$$ml^2\ddot{\varphi}_2 + mgl\varphi_2 - ka^2(\varphi_1 - \varphi_2) = 0$$

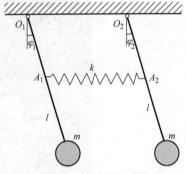

图 1-12　双摆振动模型

适当调整参数就可以得到这种"拍"现象，取参数 $m = 1(\text{kg})$，$g = 10(\text{m/s}^2)$，$l = 1(\text{m})$，$a = 0.5(\text{m})$，$k = 2(\text{N/m})$，$\varphi_1(0) = 0.2(\text{rad})$，$\varphi_2(0) = 0$，$\dot{\varphi}_1(0) = 0$，$\dot{\varphi}_2(0) = 0$。

本设计实例的仿真框图如图 1-13a 所示，根据输出图可以看到：两摆的摆角交替达到最大或最小，当其中一个摆的摆动达到最小的那一瞬间，另一个摆的摆动却达到了最大状态，如图 1-13b 所示。

分析：取重力加速度 $g = 10(\text{m/s}^2)$，则容易得到该系统的固有频率分别为 $\omega_1 = \sqrt{10}$（rad/s），$\omega_2 = \sqrt{11}$（rad/s），一阶振型为 $\begin{Bmatrix} 1 \\ 1 \end{Bmatrix}$，二阶振型为 $\begin{Bmatrix} 1 \\ -1 \end{Bmatrix}$。由于两个固有频率很接近，故利用模态分析法可以得到双摆的振动规律如下：

$$\varphi_1 = \frac{\varphi_1(0)}{2}(\cos\omega_1 t + \cos\omega_2 t) = \varphi_1(0)\left(\cos\frac{\omega_1 - \omega_2}{2}t \cdot \cos\frac{\omega_1 + \omega_2}{2}t\right)$$

$$\varphi_2 = \frac{\varphi_1(0)}{2}(\cos\omega_1 t - \cos\omega_2 t) = \varphi_1(0)\left(\sin\frac{\omega_1 - \omega_2}{2}t \cdot \sin\frac{\omega_1 + \omega_2}{2}t\right)$$

由于 $\omega_1 = \sqrt{10}$（rad/s），$\omega_2 = \sqrt{11}$（rad/s），二者数值很接近，上述两式可以看成是简谐信号为幅值发生周期性慢变情况的表达式。当两者频率差越小，则幅值变换的周期越随之加长，这样就产生了"拍"现象，这种现象也称为信号调制。

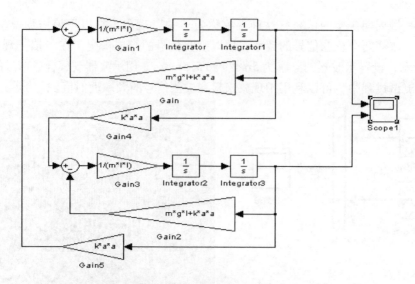

a) 双自由度振动系统合成的"拍"现象仿真框图

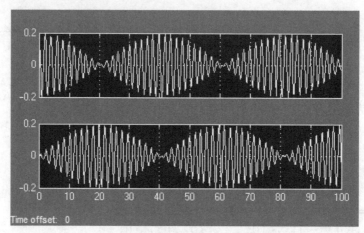

b) 双自由度振动系统合成的"拍"现象

图　1-13

设计实例 8　代数环问题仿真

一、基本知识

代数环就是计算中的一个死循环，当输出需要输入的计算时，输入中又包含输出的值，结果造成无法求解。例如：$x = 2x + y$，这里的" = "表示数学方程中的一种相等关系，对于初次接触 Simulink 的用户，容易把" = "视为赋值关系，这样就会得到不正确的结果。

如果将上述问题用 Matlab 代码来实现，并假定 $y = 3$，即：

y = 3

x = 2 * x + y

运行程序后会提示错误信息（无法识别的变量 x）：

??? Undefined function or variable 'x'.

Error in = = > Untitled at 2

　　这个错误表明：没有事先给变量 x 赋值。没有赋值的变量通常会作为零来处理，这样计算的结果为 $x=3$，显然不能得到正确的解答，仔细分析这两个方程，可以得到 $x=1$，这就是代数环的特殊性。

　　当 Simulink 系统遇到代数环时，会求解这个代数方程 $y=-x$。但对于大多数代数环系统，往往难以通过直接观察来求解。

　　代数环产生的原因是仿真模型有直接馈通的特性。所谓直接馈通，是指当模块没有输入信号时，无法计算出输出信号。换句话说，直接馈通就是模块的输出直接依赖于模块的输入。由于代数环的输出与输入相互依赖，要求在同一个时刻计算输出，即要求在输入的同时计算输出，这样不符合仿真的顺序概念。因此在建立仿真模型的过程中，要避免出现代数环问题，通常可采取以下措施：

　　（1）加入记忆模块，如小延时状态。

　　（2）手工方法把这个方程解开。

　　（3）切断代数环。

二、仿真实例

　　在 Simulink 中，内置了代数环求解器，在 MATH 模块库中的代数约束（Algebraic Constraint）模块，利用这个模块可解决代数环问题。

　　例如：

$$\begin{cases} x_1 + x_2 - 1 = 0 \\ x_2 - x_1 - 1 = 0 \end{cases}$$

对于这样的问题，我们能够得到它的解为

$$\begin{cases} x_1 = 0 \\ x_2 = 1 \end{cases}$$

下面使用 Algebraic Constraint 模块建立仿真框图如图 1-14 所示。

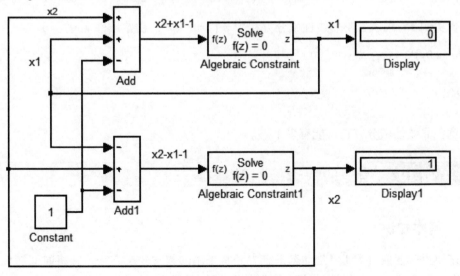

图 1-14　Algebraic Constraint 模块建立的仿真框图

当系统中含有代数约束时，它将出现代数环问题，在有代数环问题的 Simulink 仿真问题中，系统会自动在每一个步长当中调用代数环求解器，并通过迭代方法进行求解，因此，有代数环的系统仿真的速度要慢于一般不含代数环的系统仿真的速度。

设计实例9 Matlab 在求解微分方程中的应用

一、基本知识

利用 Matlab 中的 dsolve( ) 函数，可以求出简单微分方程的解析解。下面的实例给出了 dsolve( ) 函数的使用方法。

二、仿真实例

仿真实例1　求微分方程 $\dfrac{\mathrm{d}y}{\mathrm{d}t} = \dfrac{2}{3}\dfrac{t}{y^2}$ 在初始条件 $y(0) = 1$ 下的精确解。

在 Matlab 命令窗口中键入以下命令：

> > dsolve('Dy = 2 * t/3/y^2','y(0) = 1')

运行，得

ans = (t^2 + 1)^(1/3)

仿真实例2　用 Matlab 命令，求二阶微分方程 $\dfrac{\mathrm{d}^2 y}{\mathrm{d}x^2} = \cos 2x - y$ 在初始条件 $\begin{cases} y(0) = 1 \\ y'(0) = 0 \end{cases}$ 下的解析解。

在 Matlab 命令窗口中键入以下命令：

> > dsolve('D2y = cos(2 * x) - y','y(0) = 1','Dy(0) = 0','x')

运行，得

ans =

(1/2 * sin(x) + 1/6 * sin(3 * x)) * sin(x) + (1/6 * cos(3 * x) - 1/2 * cos(x)) * cos(x) + 4/3 * cos(x)

仿真实例3　求解二阶非线性微分方程 $\left(\dfrac{\mathrm{d}y}{\mathrm{d}t}\right)^2 = 1 - y^2$，初始条件 $y(0) = 0$。

dsolve('(Dy)^2 = 1 - y^2','y(0) = 0')

ans =

[sin(t)]

[- sin(t)]

注意：非线性微分方程可能有多个解。

设计实例10 信号的快速傅里叶变换

一、基本知识

快速傅里叶变换（FFT）是动态系统中经常采用的数学变换方法，它将时间域信号经过 FFT 变换到频率域，为分析信号的频率成分提供了有效的工具。

在 Matlab6.1 以后的版本中，采用了新的快速傅里叶变换计算方法，其速度更高，可以实现实时处理。

函数 fft 的调用格式有：

$$Y = fft(X)$$

返回应用快速傅里叶方法计算得到的矢量 X 的离散傅里叶变换（DFT）。如果 X 为矩阵，fft 返回矩阵每一列的傅里叶变换；如果 X 为多维数组，fft 运算从第一个非独立维开始执行。

$$Y = fft(X,n)$$

返回 n 点的离散傅里叶变换，如果 X 的长度小于 n，则在 X 中补 0 使其与 n 的长度相同；如果 X 的长度大于 n，则 X 的多出部分将被删除；如果 X 为矩阵，则用同样方法处理矩阵列的长度。

二、仿真实例

仿真实例 1

本实例是将有三个频率成分分别为 $f_1 = 20\text{Hz}$，$f_2 = 40\text{Hz}$，$f_3 = 60\text{Hz}$ 的简谐时域信号，通过 FFT 变换，最后得到频域信号，以下为 Matlab 脚本文件。

```
% FFT 变换
f1 = 20;f2 = 40;f3 = 60;              % 设置时域信号频率（Hz）
f = 1/f3/2.56                         % 设置采样频率（最低满足的采样频率）
t = 0:f:1;                            % 设置采样点序列
t1 = 0:0.0001:1                       % 设置较小的步长可得到较光滑的时间历程曲线
h = t/f;                              % 频率分辨率
x1 = 2 * sin(2 * pi * f1 * t1) + 5 * cos(2 * pi * f2 * t1) + 20 * sin(2 * pi * f3 * t1);    % 时间历程
x = fft(x1);                          % 快速傅里叶变换
subplot(3,1,1),plot(t1,x1);           % 绘图时间历程
title('时间历程')                      % 标题
subplot(3,1,2),plot(h(1:length(h)/2),abs(x(1:length(h)/2)));        % 傅里叶变换幅值
title('幅值')
grid on
subplot(3,1,3),plot(h(1:length(h)/2),angle(x(1:length(h)/2)));      % 傅里叶变换相位
title('相位')
grid on
```

FFT 变换相关曲线的图像如图 1-15 所示。

仿真实例 2

本实例分析了一个一定频率的正弦信号的幅值乘以指数衰减的信号的 FFT 变换，脚本文件如下：

```
tp = 0:2048;                          % 时域数据点数
yt = sin(0.08 * pi * tp). * exp(-tp/80);    % 生成正弦衰减函数
figure(1),
plot(tp,yt),axis([0,400,-1,1]),       % 绘正弦衰减曲线，限制水平轴范围
```

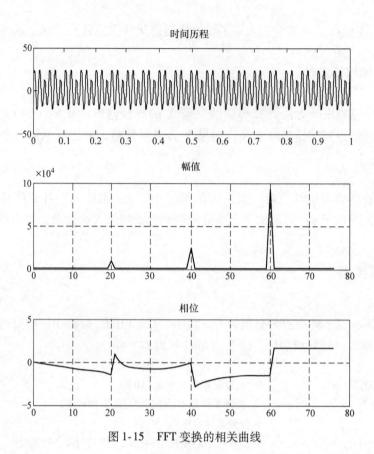

图 1-15   FFT 变换的相关曲线

```
t = 0 : 800/2048 : 800 ;              % 频域点数
f = 0 : 1.25 : 1000 ;                 % 分辨率为 1.25
yf = fft( yt) ;                       % 快速傅里叶变换
ya = abs( yf( 1 : 801)) ;             % 幅值
yp = angle( yf( 1 : 801)) * 180/pi ;  % 相位
yr = real( yf( 1 : 801)) ;            % 实部
yi = imag( yf( 1 : 801)) ;            % 虚部
figure(2),
subplot(2,2,1)
plot(f,ya), axis([0,200,0,60])        % 绘幅频曲线
subplot(2,2,2)
plot(f,yp), axis([0,200, - 200,10])   % 绘相位曲线
subplot(2,2,3)
plot(f,yr), axis([0,200, - 40,40])    % 绘实部曲线
subplot(2,2,4)
plot(f,yi), axis([0,200, - 60,10])    % 绘虚部曲线
```

衰减信号的 FFT 变换的相关曲线如图 1-16a、b 所示。

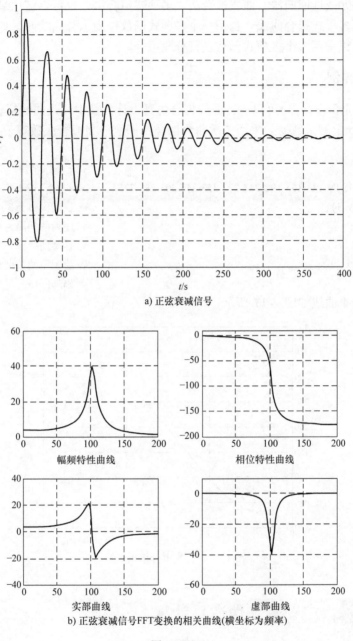

a) 正弦衰减信号

幅频特性曲线

相位特性曲线

实部曲线

虚部曲线

b) 正弦衰减信号FFT变换的相关曲线(横坐标为频率)

图 1-16

设计实例 11 曲线拟合

一、基本知识

工程设计中,经常需要根据一些已知观测数据点 (X, Y) 的值绘制 X 与 Y 的关系曲线。

常用的方法有多元线性回归法、曲线拟合法、多项式拟合法，也可以应用最小二乘法计算各项系数后，利用多项式拟合曲线。当用一个多项式函数作为拟合曲线时，如果计算精度满足不了要求，则可以采用多个多项式函数进行分段拟合。

二、仿真实例

采用函数 polyfit(x,y,n)可以进行曲线拟合仿真设计，其中 n 是曲线拟合的最高次数。

设有下列 15 组测试数据，采用三次曲线拟合（即取最高拟合次数等于3），脚本文件为

```
clc
x = 1:15                                              % x 坐标序列
y = [12 34 56 78 99 123 165 198 243 277 353 345 303 288 275];    % y 坐标序列
p1 = polyfit(x,y,3);                                  % 最高次数为 3 的曲线拟合
x1 = 1:0.1:15;                                        % 序列的间隔为 0.1
y1 = polyval(p1,x1)                                   % 计算曲线拟合的数据
plot(x,y,'bo',x1,y1)                                  % 绘制原始数据和拟合曲线
grid on                                               % 添加网格
```

三次拟合结果曲线如图 1-17 所示。

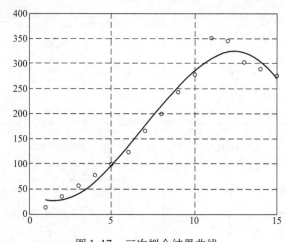

图 1-17　三次拟合结果曲线

设计实例 12　广义逆（伪逆）计算

一、基本知识

在动力学分析中，大多数情况下遇到的矩阵是方阵（矩阵的行列数相等）求逆问题，这种情况在前面的仿真实例中已有说明，但在工程实际应用中会遇到非方阵的求逆问题，这样的问题称为广义逆。例如在动力学输出反馈控制中，可以采用少于状态量的传感器作为输出观测量，这样的输入矩阵就往往不是方阵。

当非方阵 A 和 X 满足

$$AXA = A,\ XAX = X$$

时，称矩阵 X 为矩阵 A 的伪逆，也称为广义逆矩阵。

求伪逆的基本指令有两种形式：$X = \text{pinv}(A)$；$X = \text{pinv}(A, \text{tol})$，其中 tol 为误差，这里 pinv 为 pseudo – inverse 的缩写。

在使用中应注意：pinv(A)具有 inv(A)的部分特性，但与 inv(A)不完全等同。如果 A 为非奇异方阵，pinv(A) = inv(A)，但却会耗费大量的计算时间，相比较而言，inv(A)花费更少的时间。

二、仿真实例

设非方阵

$$A = \begin{pmatrix} 2 & 9 \\ 9 & 8 \\ 4 & 8 \end{pmatrix}$$

试求矩阵 A 的广义逆。

代码如下：

```
clc
A = [2 9;9 8;4 8]
B = pinv(A)
C = B * A          % 验证结果
```

运行结果：

```
A =

    2     9
    9     8
    4     8


B =

  -0.1092    0.1454    -0.0225
   0.1068   -0.0466     0.0514



C =

   1.0000    0.0000
   0.0000    1.0000
```

由此可以得到 B * A，得到一单位矩阵。

设计实例 13　二维、三维图形绘制

一、基本知识

1. 二维绘图基本命令

常用的绘图指令有以下几种格式：

格式 1：plot(y)，其中 y 表示一维数组（数字）。

格式 2：plot(x,y)，其中 x 表示自变量，y 表示因变量。

格式 3：plot(x,y,s)，其中 s 表示颜色、线形等，为可选项。

格式 4：plot(x1,y1,s1,x2,y2,s2)，表示一次绘制两条曲线（可以推广到绘制多条曲线）。

以上几种绘图指令在前面的仿真实例中已有多次使用，指令格式简单，这里不再给出实例。

如果要对图中曲线的线型、颜色以及数据点的标识加以控制，可以使用表 1-1 介绍的常用句柄图形控制语句来完成。

表 1-1　常用句柄图形控制语句

选项	说明	选项	说明	选项	说明	选项	说明
–	实线	– –	虚线	x	x 符号	s	方形
:	点线	.	点	+	+ 符号	d	菱形
–.	点画线	○	圆	*	星号	v	下三角
y	黄色	g	绿色	^	上三角	p	正五边形
m	紫红色	b	蓝色	<	左三角		
c	蓝绿色	w	白色	>	右三角		
r	红色	k	黑色				

格式 5：双纵坐标绘制二维图的函数 plotyy()。

有时候，我们需要将两组或多组数据量级差别较大的数据绘制在一张图上以方便分析，但是往往数据较小的曲线会被数据较大的曲线淹没，这时可采用双纵坐标在同一张图上分别以不同的纵坐标来显示。

例如，有以下两组数据：

X1 = 1:0.01:20;x = x ';

Y1 = sin(x);y2 = 100 * cos(x);

如果采用指令 plot(x,y1;x,y2)来绘图，您会发现第一组图会被"淹没"。

如果采用双纵坐标指令绘图，您会发现两组图形分别以两个纵坐标来显示，由于两组图形均有自己的坐标，所以不会出现纵坐标被"淹没"的现象。

```
clc
x =0:0.01:20;x = x';
y1 = sin(x);y2 = 100 * cos(x);
plotyy(x,y1,x,y2),grid
```

上面的代码中有两条曲线，如果有多条曲线，可以将其分为两组，一组图形绘制在左侧坐标轴上，另一组图形绘制在右侧坐标轴上。

```
clc
x = 0:0.01:20;x = x';
y1 = sin(x);y2 = 100 * cos(x);
z1 = sin(x + 0.5);z2 = exp(x/4);z3 = x.^2;
plotyy(x,[y1,x,y2],x,[z1,z2,z3]),grid
```

2. 三维图形绘制

三维绘图指令很多，常用的指令有：plot3、mesh、surf、surfc、surfl、waterfall 等，这些命令可以绘制两个变量的三维立体图形。

如果 x，y，z 分别代表三个坐标轴上的坐标，并且是长度相同的向量，则可以用 plot(x, y,z)命令绘制出一条曲线。如果 z 是一个矩阵，表示一个曲面上每个点的 z 坐标，x 和 y 分别为构成该曲面的 x 和 y 向量，则可用命令 mesh(x,y,z,c)绘制该曲面网格。其中 c 为颜色矩阵，缺省 c 值时 Matlab 自动设置其默认值 $c = z$，即颜色的设定正比于图形的高度。

surf 命令则可以将网格用颜色填充。surfc 和 surfl 的调用方式与 surf 相同，利用它们分别可以获得带有等高线和带有阴影的三维图形。

三维曲线指令为 plot3()。

格式1：plot3(x,y,z,s)　　　　　% 单个函数情况，x，y，z 是三个方向的坐标值，s 指定绘制三维曲线的线型、数据点形和颜色的字符串，省略 s 时，将自动选择线型、数据点形和颜色。含义同 plot 函数。

当 x，y 和 z 是同维矩阵时，生成以 x，y，z 为对应元素的三维曲线。

格式2：plot3(x1,y1,z1,s1,x2,y2,z2,s2,…)　　　　% 多个函数

功能：绘制三维曲线。

3. 三维网格图

指令：mesh(X,Y,Z)

其中 X，Y 是网格矩阵数组，需要调用 meshgrid() 函数来生成，Z 是函数的值。

绘制三维网格图需要三个步骤：

1）给定函数；

2）使用指令 meshgrid() 生成网格矩阵；

3）使用指令 mesh() 绘制三维网格图。

4. 绘制三维曲面图

指令：surf(X,Y,Z),surfc(X,Y,Z)

其中 X，Y 是网格矩阵数组，需要调用 meshgrid() 函数来生成，Z 是函数的值。

surfc(X,Y,Z)是在 surf(X,Y,Z)基础上绘制等值线。

5. 关于 meshgrid(x,y)

以上三维图都需要调用 meshgrid(x,y)来生成二维数组，调用格式为

$$[X,Y] = meshgrid(x,y)$$

该函数的功能是：由向量 x 和 y 产生在 x – y 平面的各网格点坐标矩阵（X，Y）。

6. 图形标注

为了在图中加注标题等，可采用如下函数：

title 为图形添加标题；xlabel，ylabel 为 x，y 坐标轴添加标注。

格式：xlabel（'标注'，'属性1'，属性值1，…）。

7. 文本标注

格式：text(x，y，'标注文本及控制字符串')

格式：gtext（'标注文本及控制字符串'）

8. 图例标注

格式：legend（'标注1'，'标注2'，…，'定位代号'）

0：自动定位，使得图标与图形重复最少。

1：置于图形的右上角（默认值）。

2：置于图形的左上角。

3：置于图形的左下角。

4：置于图形的右下角。

-1：置于图形的右外侧。

图形保持/关闭保持：hold on/off。

二、仿真实例

仿真实例1 绘制 $z = x^2 + y^2$ 的三维图像，其中 x，y 的定义域为 [-5，5]。

脚本文件如下：

```
x = -5:0.1:5;      y = x;          % 定义坐标范围
[X,Y] = meshgrid(x,y);             % 调用函数生成矩阵
Z = X.^2 + Y.^2;                   % 根据 X,Y 得到 Z 坐标
surf(X,Y,Z); hold on;              % 调用曲面指令生成曲面图像
```

运行结果如图 1-18 所示。

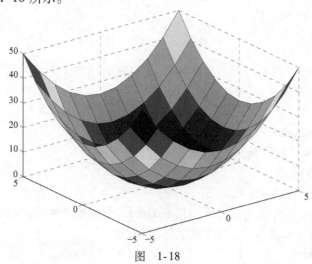

图 1-18

仿真实例2 绘制 $z = \dfrac{\sin\left(\sqrt{x^2 + y^2}\right)}{\sqrt{x^2 + y^2}}$，$x$ 的定义域为 [-10，10]，y 的定义域为 [-8，8]。

脚本文件如下：

```
x = -10:0.05:10;y = -8:0.05:8;
[X,Y] = meshgrid(x,y);        % 将向量 x 和 y 定义的区域转换成矩阵 X 和 Y
```

$Z = \sin(\,sqrt(\,X.^2 + Y.^2)\,)./sqrt(\,X.^2 + Y.^2)\,;$

$mesh(\,X,Y,Z)$

运行结果如图 1-19 所示。

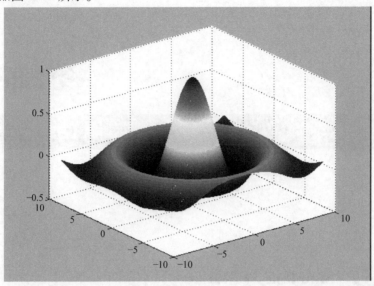

图 1-19

仿真实例 3 在薄板的振动分析中，其振型图是三维图形，以下代码绘制的是四边固定的薄膜振动的二阶振型图（关于薄板的振动理论请参考相关书籍）。

$x = 0:0.05:1\,;$

$y = x\,;$

$[\,X,Y\,] = meshgrid(\,x,y)\,;$

$Z = \sin(\,pi * X).\,* \sin(2 * pi * Y)$

$surf(\,X,Y,Z)$

运行结果如图 1-20 所示。

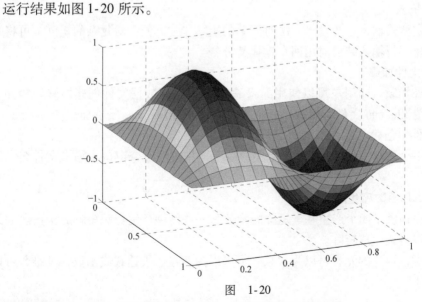

图 1-20

请读者参考二阶振型图的绘制方法进一步绘制高阶振型图。

第2部分

常用功能模块

设计实例 14　Simulink 与 Matlab 数据接口设计

一、基本知识

在仿真过程中，有时需要对 Simulink 和 Matlab 的工作空间进行数据交换，即可以将工作空间中的数据传递到 Simulink 模型中，或者将 Simulink 模型中的数据传递到 Matlab 的工作空间中，以构建 Simulink 与 Matlab 的数据交换的接口。

在 Matlab 中，矩阵的输入有下列四种方式：

1. 显示列表输入

按矩阵的规定格式输入，此输入方法对简单的矩阵非常方便。对复杂的矩阵，可将矩阵元素分行输入，每一行输入结束时用回车键代替分号。

2. 外部数据文件加载

外部数据文件加载，即用户可以使用 load 命令加载外部数据文件创建矩阵。例如，将生成的矩阵保存为 file. mat 文件，然后在命令窗口中用 load file. mat 予以加载。

3. 在 . m 文件中创建

如果用户将一个数据文件保存为 . m 文件，则用户只需在命令窗口中输入文件名，即可显示矩阵。

4. 通过 Matlab 函数库生成

Matlab 为用户提供了四个产生基本矩阵的函数和一些能够产生特殊矩阵的函数。通过这些函数，用户可以直接生成矩阵。

注意：输入时，矩阵的元素可以为常数，也可以为变量、表达式或函数；其维数可以扩大或缩小。

二、仿真实例

以下通过两个例子说明 Simulink 和 Matlab 的数据交换。

仿真实例 1 将 Simulink 数据输出到 Matlab 工作空间中。

通过 to workspace 模块,将 Simulink 数据输出到 Matlab 工作空间。仿真框图如图 2-1 所示。

注意:在 Save format 选项中选择 Structre With Time,表示矩阵的一种保存形式,且在 Matlab 工作空间中可以找到此矩阵的输出数据。

Matlab 工作空间的变量作为系统的输入信号,其仿真框图如图 2-2 所示。

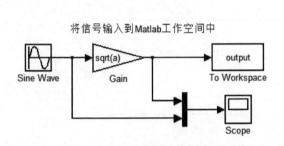

图 2-1 将 Simulink 数据输出
到 Matlab 工作空间的仿真框图

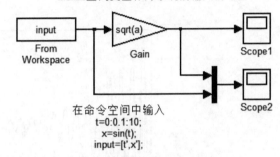

图 2-2 Matlab 工作空间的变量
作为系统的输入信号的仿真框图

图 2-1 中,输入信号是利用了信号源提供了正弦信号。图 2-2 中,利用了在工作空间的正弦信号数据作为输入信号,注意在图 2-2 中,先在命令空间中运行指令,然后再运行模型文件。

仿真实例 2 在脚本文件中使用 Simulink 输出的多维数据。

在仿真计算中,常需要利用 Simulink 中的数据来做各种分析,如重新绘图、时间尺度改变等,下面的例子说明了使用这个方法的步骤。

分析单自由度阻尼系统在给定初始条件下的响应:

$$3\ddot{x} + 4\dot{x} + 1000x = 0 \qquad (\dot{x}(0) = 0, x(0) = 1)$$

对应的 Simulink 模型如下,仿真时间为 10s,设置位移积分器初始值为 1,添加两个输出口 (Out1,Out2),目的是为了将位移 $x(t)$ 和速度 $\dot{x}(t)$ 通过输出端口输出到 Matlab 工作空间 (应注意设置两个输出口的连线位置)。

Simulink 模型的仿真框图如图 2-3 所示。

运行该模型,发现在工作空间中有两列数据,这两列数据编写以下脚本文件,可以从工作空间中取出数据。

```
plot(tout,yout(:,1) * 10,tout * 2,yout(:,2))
xlabel('图(a) 时间'),ylabel('衰减振动')
grid on
```

这段代码的作用是取出工作空间的两列数据,并绘制曲线。其中将位移曲线的纵坐标尺度(幅值尺度)扩大 10 倍;将速度曲线的时间尺度扩大两倍,从而实现了对位移幅值和时间进行了扩展(压缩),如图 2-4 所示。

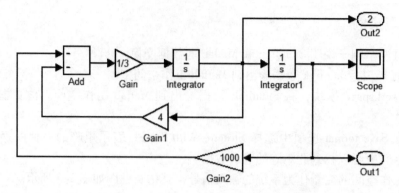

图 2-3　Simulink 模型的仿真框图

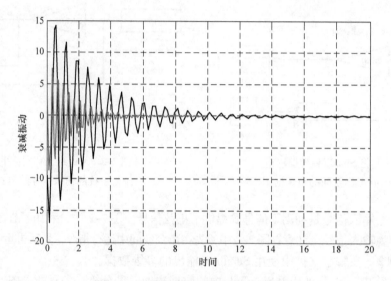

图 2-4　位移幅值和时间扩展后的曲线

设计实例 15　**Function 与 Matlab Function 模块**

一、基本知识

Function（简称 FCN）与 Matlab Function（简称 Matlab FCN）都是 Simulink 工具箱中的函数模块，但这两个模块的使用方法有所不同。FCN 模块一般用来实现简单的函数关系，其特点是：

（1）输入总是表示成 u，u(1)，u(2) 等形式；

（2）可用 C 语言的表达形式，例如：$\sin(u(1)+u(2))$ 或 $\sin(u[1]+u[2])$ 等；

（3）输出始终是标量。

而 Matlab FCN 一般用来处理比较复杂的函数，所要调用的函数只能有一个输出（可以是向量），且一般要定义子函数（使用脚本文件）。

二、仿真实例

在图 2-5 所示的两个仿真模块中，FCN 模块使用了函数表达式，而 Matlab FCN 模块使用了 Matlab 函数。请注意两个函数在应用上的区别。

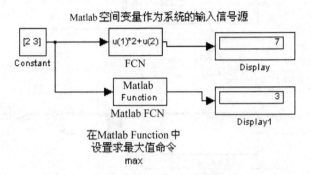

图 2-5　Function 与 Matlab FCN 模块仿真框图

注意：在 Matlab FCN 模块中的 Matlab Function 中直接输入 max，从而实现求向量中最大值的目的。

设计实例 16　使能子系统的应用

一、基本知识

在动态控制问题中，经常会使用到触发信号，在 Simulink 仿真平台中含有条件子系统、使能子系统和触发子系统等子系统。以上所列子系统均可以实现触发信号的仿真。下面介绍使能子系统及其应用。

使能子系统是当使能控制端信号为正时可使系统处于"允许"状态，否则为"禁止"状态。利用逻辑非元件可以使系统处于"反向"状态，即当使能控制端信号为正时，可使系统处于"禁止"状态，否则为"允许"状态。

二、仿真实例

图 2-6a 所示仿真模型中，通过脉冲信号触发使能子系统。其中使用了逻辑非元件，改变了输出状态。

模块中的参数设置如下：

A 子系统的设置参数为：States when enabling 设置为 reset（恢复）。

B 子系统的设置参数为：States when enabling 设置为 held（保持）。

方波周期设置为 5s，仿真时间为 20s。

完成以上设置后，进而完成以下工作：

（1）观察输出波形，并理解各个模块的功能；

（2）分析两个 Constant 模块的输入向量的作用。

仿真结果如图 2-6b 所示。

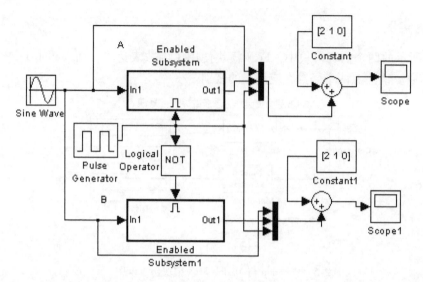

a) 使能子系统应用仿真框图

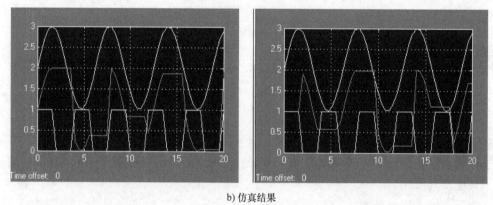

b) 仿真结果

图　2-6

设计实例 **17** 　触发子系统的应用

一、基本知识

根据触发方式的不同，触发子系统主要可以分为上升沿触发、下降沿触发和上升下降沿触发（也称双边触发）三种。

二、仿真实例

下例仿真框图如图 2-7a 所示，分别使用了三种触发方式给出触发子系统实例。

其中，各个子系统触发方式设置如下：

A 子系统设置为：上升沿触发 Rising；

B 子系统设置为：下降沿触发 Falling；

C 子系统设置为：上升下降沿（双边）触发 Either。

完成以上设置后，仿真结果如图 2-7b 所示，进而完成以下工作：

（1）观察输出波形，并理解各个模块的功能；

（2）分析两个 Constant 模块的输入向量的作用。

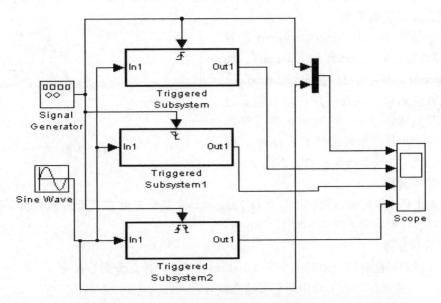

a) 三种触发子系统仿真框图

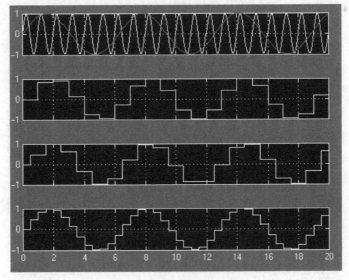

b) 三种触发子系统仿真结果

图 2-7

设计实例 18 高级积分器的应用

一、基本知识

积分器除了使用默认设置外，还有其他类型的高级积分器，现将高级积分器介绍如下。

1. 定义外部初始条件

在积分器的 Initial condition sources 设置菜单中有两种选择（Internal 和 External），如果选择 Internal，则直接可以在 Initial condition 参数中设置初始值；但有时候在动态仿真过程中需要改变初始条件，这样就出现了外部条件源的设定问题，如果选择了 External，则积分器的形状也会发生改变。如图 2-8a 所示。

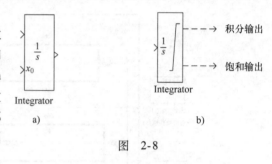

图　2-8

2. 限制积分器

为了防止超出指定的范围，可以选择 Limit output 复选框并在下面的框中填写范围，同时积分器的形状也会发生改变。如图 2-8b 所示。

3. 重置积分器

在积分器的属性窗口当中有一个 External reset 参数选择，分别是：

Rising：当重置信号有上升沿时触发状态重置；

Falling：当重置信号有下降沿时触发状态重置；

Either：当重置上升信号或有下降信号时触发状态重置；

Level：当重置信号为非零时，触发并保持输出信号为初始条件。

4. 状态端口

状态端口的特点是：如果状态端口在当前时间步上被重置，那么状态端口的输出值是积分器还没有被重置时的积分器输出端口的值；也就是说，状态端口的输出值比积分器的输出端口早一个时间步长。正是由于这样的一个特点，往往可以把重置前的积分值作为以后的积分的初始条件（这个条件为改变被积函数提供了条件）。高级积分器如图 2-9 所示。

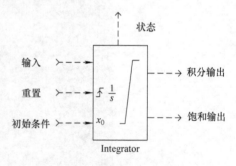

图 2-9　高级积分器

二、仿真实例

以下给出高级积分器的几个应用实例。

仿真实例 1　弹性小球的动力学实例：有一个弹性小球，设其恢复系数 $k = 0.8$（在力学中，恢复系数的定义为：碰撞结束和开始两个时刻质点的速度比，即 $k = \dfrac{v_2(\text{碰撞后})}{v_1(\text{碰撞前})}$）。将弹性小球在距离地面高度为 $h = 10\text{m}$ 处以初速度 $v_0 = 15\text{m/s}$ 竖直向上抛出。试对该问题进行仿真,并给出弹性小球的运动规律。

一次建模(理论模型):

弹性小球在第一次接触地面前的动力学方程为

$$m\ddot{y} = -mg$$

对上式积分一次,得

$$v(t) = \int(-g)\,\mathrm{d}t = v_0 - gt$$

对上式再积分一次,得

$$y(t) = \int(v_0 - gt)\,\mathrm{d}t = v_0 t - \frac{g}{2}t^2 + h_0$$

弹性小球在以后每次离开地面时,其初速度均有所变化,但动力学方程的形式不变,故下一次积分初值需要用到上次对应时刻的积分值。

二次建模(仿真模型):

由于涉及初始条件的变化,故使用重置积分器模型,建立仿真框图如图 2-10a 所示,其中的积分器应设置成外部触发,显示端口,使用下降沿触发方式。其中的状态端口的特点是输出值比积分器的输出端口早一个时间步。

开始时,积分初值为 15m/s,此值由 IC 模块提供,以后每次积分时,积分初值为 $-0.8 \times v_1$。本实例仿真结果如图 2-10b 所示。

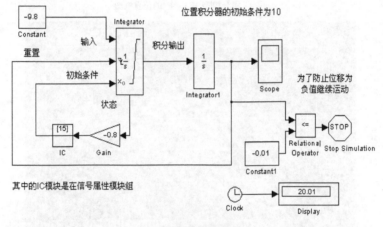

a) 弹性小球的仿真框图

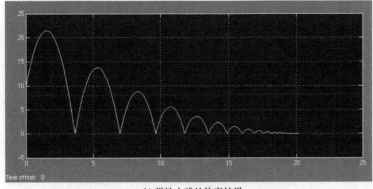

b) 弹性小球的仿真结果

图 2-10

通过仿真结果可以看到，小球在弹跳若干次后停止，停止时间为 20.01s。请考虑如果计入空气阻尼（线性模型），该如何建立此模型？

仿真实例2　设积分模型为 $y = \int_0^t t\mathrm{d}t$，当积分时间大于 5s 时，即改变积分初始值，并使积分的初始值恢复到零状态，试求此积分的值。如图 2-11a 所示，使用了高级积分器模型，并使用加法器配合上升沿触发方式，仿真结果如图 2-11b 所示。

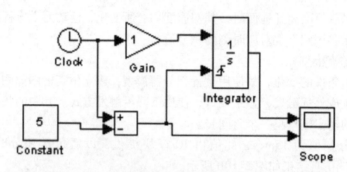

a) 积分模型 $y=\int_0^t t\mathrm{d}t$ 的仿真框图

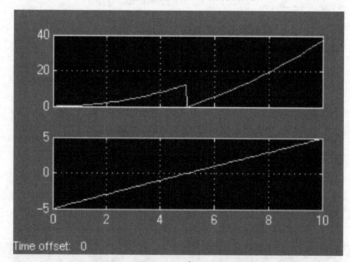

b) 积分模型 $y=\int_0^t t\mathrm{d}t$ 的仿真结果

图　2-11

仿真实例3　在某些时候，需要改变积分器的初始状态，例如，积分器的输入为 1，初始条件为 -50，如果积分值超过 20，则将积分初始条件设置为 -100。

建立仿真框图如图 2-12a 所示，其中的积分器应设置成外部触发，显示端口，使用上升沿触发方式，其中的状态端口的特点是输出值比积分器的输出端口早一个时间步。仿真结果如图 2-12b 所示。

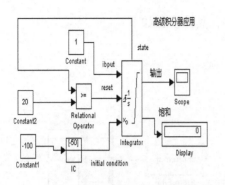 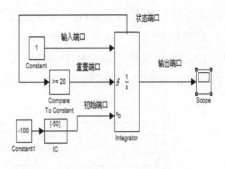

a) 积分模型(2)仿真框图

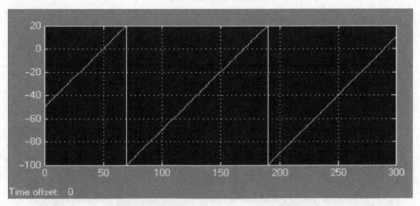

b) 积分模型(2)仿真结果

图 2-12

设计实例 19 数据文件 **.mat** 的应用

一、基本知识

用 save 语句可以将当前工作空间中的任意变量（一个、多个或者全部）存成 .mat 文件。下次需要使用时，输入"load 文件名"就可以了。在 .mat 文件里，如果需要用到以前保存的变量等内容，则可以输入"load 文件名"，即可导入保存的文件，再"save 变量"。默认的数据文件后缀为 .mat 的。当然，也可以保存为其他格式的文件，如 dat、txt 等。

在 Simulink 中，To File 模块用于按矩阵形式把输出信号储存在一个指定的 .mat 文件中，From File 模块和 To File 模块恰好相反，可以通过 From File 模块调用一个已知的数据文件。

二、仿真实例

仿值实例 1 如图 2-13 所示，首先分别将正弦波 $\sin t$，$\sin 2t$，$\sin 3t$ 三个信号通过 To File 模块以矩阵形式写入到名为 shuju.mat 的文件中。然后通过 From File 模块调用名为 shuju. mat 的数据文件，如图 2-14 所示。

可以通过代码建立数据文件和读取数据文件，具体步骤如下：

（1）建立数据文件　save MyDatFile　C　B　A

（2）调用数据文件　load MyDatFile　C　B　A

也可以将已知的离散数据保存到数据文件中。

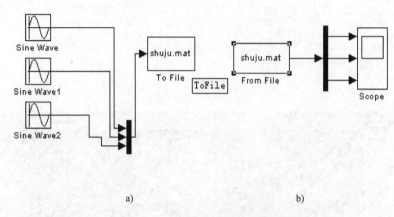

a)　　　　　　　　　　　　　　　b)

图 2-13　数据文件 . mat 仿真框图

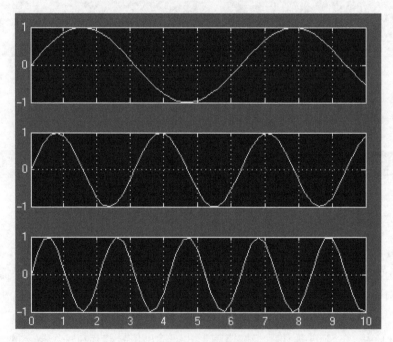

图 2-14　数据文件 . mat 仿真结果

仿真实例 2　设有三个离散数据序列 A，B，C 分别为

A = [1 2 3 4]

B = [1 2 3;4 5 6;7 8 9]

C = [0 0；1 2；2 −2；3 8；4 −8；5 9；6 −8]%　　　矩阵

save MyDatFile A　B　C　　%保存数据,默认保存类型为二进制文件。此时在当前工作目录下生成了 MyDatFile. mat 文件。

下面的代码通过 load MyDatFile 调用数据文件:

```
clear   A B C                    % 清除内存变量
load MyDatFile   B  A  C         % 从 MyDatFile. mat 文件中读取变量
plot(C(:,1),C(:,2))             %仅显示数据 C 的波形图
```

设计实例 20　求解边值问题的打靶法

一、基本知识

利用 Simulink 仿真时,能非常方便地求解初值问题的微分方程,在工程实际中如果遇到边值问题的微分,一般需要通过其他方法先把边值问题化为初值问题,在《Matlab/Simulink 动力学系统建模与仿真》一书中给出了使用差分法和打靶法将边值问题化为初值问题的基本方法。

二、仿真实例

微分方程为 $4y'' + yy' = 2x^3 + 16$,其边值条件为 $y(2) = 8$; $y(3) = \frac{35}{3} = 11.667$。现在化为初值问题

$$y' = z$$
$$z' = -\frac{yz}{4} + \frac{x^3}{2} + 4$$

初值条件为 $y(2) = 8$, $z(2) = m$; 求 m 的值。

1. 使用 sim 函数自动计算初值

下面给出了一个非线性微分方程的例子,在该实例中,采用了 sim 函数自动计算初值,调用模型文件可以自动计算每次循环时的初值,特点是可以随意设定两个初值 m_1, m_2, 通过设定精度 $|m_2 - m_1| < \varepsilon$, 或 $|y(k) - y(k-1)| < \varepsilon$, 可自动得到初值 m。

首先建立 M 文件如下,该文件名为 py2. m。

```
clc
clear all
m1 = 0
m2 = 1
k = 0
dt = 0. 001
  while(abs(m1 - m2) > 0. 0001)        % 精度循环
[t,x,y] = sim('daba. mdl',[2:dt:3]);
m1 = m2
m2 = y(length(y))
k = k + 1                              % 循环次数
end
```

再建立模型文件一，该模型文件名为 daba. mdl，其仿真框图如图 2-15 所示。

将模型文件一 daba. mdl 和 M 文件 py2. m 保存到同一个文件夹，设定好运行路径，运行 M 文件 py2. m，可以自动调用模型文件 daba. mdl，文件从而不断改变初值 m1 和 m2，最后可以得到收敛解。

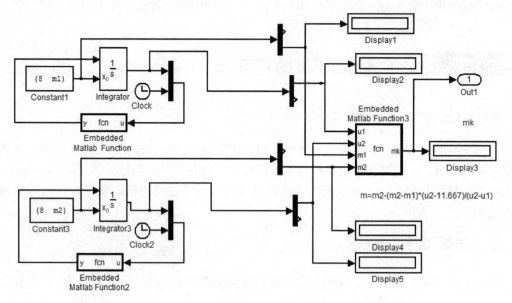

图 2-15　模型文件一仿真框图

2. 验证：将边值问题变换为初值问题的结果

建立模型文件二，设定仿真时间起始值为 2，终值为 3，最小步长为 0.0001，速度积分器的初值设为 2，位移积分器的初值设为 8，运行模型文件二，可以得到 3s 末的位移值为 11.67，其仿真框图如图 2-16 所示。

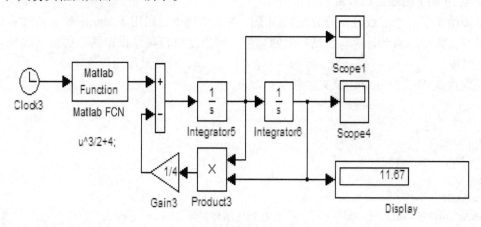

图 2-16　模型文件二仿真框图

3. 简化仿真框图

由以上计算过程可以看出，除了最初的运行需要两个初值，以后的计算仅计算一个初值，因此需要一个仿真模型就可以，其简化的简单仿真模型如图 2-17 所示。

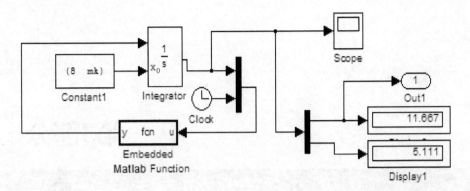

图 2-17 打靶法仿真框图

脚本文件如下:

```
clc
clear all
dt = 0.001;
m1 = 0.5;
mk = m1;
k = 0;
[t,x,y] = sim('daba1.mdl',[2:dt:3]);
u1 = y(length(y));
m2 = 0.7;
mk = m2;
[t,x,y] = sim('daba1.mdl',[2:dt:3]);
u2 = y(length(y));
mk = m2 - (m2 - m1) * (u2 - 11.667)/(u2 - u1);
while(abs(u1 - u2) > 0.0001)                % 精度循环
%% while(abs(m1 - m2) > 0.0001)              % 精度循环
[t,x,y] = sim('daba1.mdl',[2:dt:3]);
u1 = u2;
u2 = y(length(y));
mk = m2 - (m2 - m1) * (u2 - 11.667)/(u2 - u1);
m1 = m2;
m2 = mk;
k = k + 1;                                  % 循环次数
end
disp 初值 mk;mk
disp 循环次数 k;k
disp 边界值 y(3) = ;u2
```

第3部分

一般动力学系统仿真

设计实例 21 蹦极跳系统的动力学仿真

一、基本知识

设蹦极者质量为 m，桥梁顶端与水面之间的距离为80m，蹦极者系弹性绳从 A 处跳下，弹性绳系于点 A，绳长为30m，弹性刚度为 k，桥梁基础与水面之间的距离为50m，如图3-1所示。蹦极者在下落过程中，受到空气阻力作用，其模型为一次阻尼和二次阻尼模型。以桥梁基础为坐标原点，动力学模型可表示为

$$m\ddot{x} = mg - c_1\dot{x} - c_2\,|\dot{x}|\,\dot{x} - b(x)$$

其中，$c_1 = c_2 = 1$，$g = 9.8\mathrm{m/s^2}$，

$$b(x) = \begin{cases} -kx & x > 0 \\ 0 & x \leq 0 \end{cases}$$

设 $m = 58\mathrm{kg}$，$k = 20\mathrm{N/m}$。

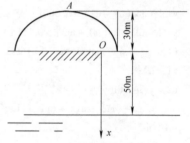

图 3-1 蹦极跳模型示意图

二、仿真实例

建立仿真框图如图 3-2a 所示，在该模型中使用了函数模块和开关模块，以方便地处理非线性函数（非线性阻尼模型）和弹性绳（分段函数模型）问题，读者重点关注这两个模块的使用方法。

仿真结果如图 3-2b 所示。

仿真计算可进一步完成的工作有：

（1）在给定的条件下分析蹦极者的极限质量（蹦极者不接触水面的极限质量）；

（2）分析蹦极者的质量为 70kg 时的安全性；

（3）取不同的蹦极者的质量，通过 ZOOM 方法取得较准确的数据并填写以下表格；

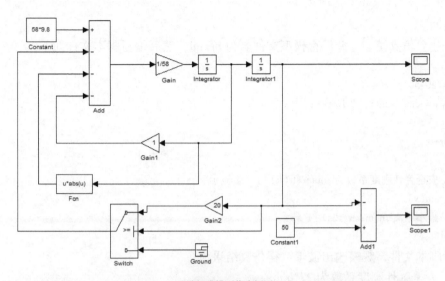

a) 蹦极跳模型仿真框图

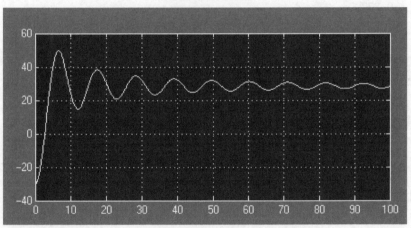

b) 蹦极跳模型仿真结果

图 3-2

蹦极者质量/kg	30	40	50	55	60
最大极限位置/m					
当振幅大于 0.2m 时经历的时间/s					

（4）根据仿真结果确定具有极限质量的蹦极者在蹦极过程中的有效的振荡时间（即当振幅大于 0.1m 时的有效振荡时间）。

下面介绍如何使用 M 文件脚本进行动态仿真。

在 Matlab 环境中建立 M 文件，按命令规则书写代码，最后运行 M 文件，这种方法称为使用 M 文件脚本进行动态仿真。

在用脚本文件进行仿真的时候，经常会使用调用模型命令，其基本命令行语法和命令为：

sim 命令格式:[t,x,y1,y2,…yn] = sim(model,timespan)

参数说明：t 为仿真时间向量；x 为返回状态矩阵；model 为模型文件名；timespan 为仿

真起止时间。

首先建立仿真模型，并保存模型文件名为 bengji，然后编写脚本文件如下：

```
m = 70;
For k = 20:50
[t,x,y] = sim('bengji',[0 100]);
if min(y) > 0
    break;
end
dish(['安全弹性刚度系数为',num2str(k)])   % 显示
disk = min(y)
disk(['最小距离',num2str(dis)])
simplot(t,y)
```

运行脚本文件，观察输出波形，得仿真结果为：

＞＞ 安全弹性刚度系数为27N/m

最小距离0.87797m。

试分析：当系统的弹性绳的刚度给定时，如何通过上述方法求得极限质量。

设计实例 22　　曲柄滑块机构的运动学仿真（速度分析）

一、基本知识

曲柄滑块机构如图 3-3 所示。该机构只有一个自由度，首先给出机构的运动学分析模型。

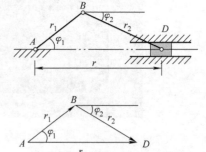

（1）机构的封闭的矢量方程为

$$\boldsymbol{r} = \boldsymbol{r}_1 + \boldsymbol{r}_2$$

（2）矢量方程的分解式为

$$\begin{cases} r_1\cos\varphi_1 + r_2\cos\varphi_2 = r \\ r_1\sin\varphi_1 + r_2\sin\varphi_2 = 0 \end{cases}$$

图 3-3　曲柄滑块机构示意图

（3）机构速度问题的运动学方程为

$$\begin{cases} -r_1\sin\varphi_1\,\dot{\varphi}_1 - r_2\sin\varphi_2\,\dot{\varphi}_2 = \dot{r} \\ r_1\cos\varphi_1\,\dot{\varphi}_1 + r_2\cos\varphi_2\,\dot{\varphi}_2 = 0 \end{cases}$$

机构的输入运动量为曲柄角度 φ_1 和曲柄角速度 $\dot{\varphi}_1$；输出运动量为连杆角度 φ_2、连杆角速度 $\dot{\varphi}_2$ 和滑块位移 r、滑块速度 $\dot{r}$。将关于机构速度问题的运动学方程写成矩阵形式为

$$\begin{pmatrix} r_2\sin\varphi_2 & 1 \\ r_2\cos\varphi_2 & 0 \end{pmatrix}\begin{pmatrix} \dot{\varphi}_2 \\ \dot{r} \end{pmatrix} = \begin{pmatrix} -r_1\sin\varphi_1 \\ -r_1\cos\varphi_1 \end{pmatrix}\dot{\varphi}_1$$

由此，可以将上式写成显式表达式为

$$\begin{pmatrix} \dot{\varphi}_2 \\ \dot{r} \end{pmatrix} = \begin{pmatrix} r_2\sin\varphi_2 & 1 \\ r_2\cos\varphi_2 & 0 \end{pmatrix}^{-1}\begin{pmatrix} -r_1\sin\varphi_1 \\ -r_1\cos\varphi_1 \end{pmatrix}\dot{\varphi}_1$$

二、仿真实例

在该仿真模型中，设系统的输入角速度 $\dot{\varphi}_1 = 150\text{rad/s}$，通过一次积分可以得到转角 φ_1。将这两个输入量通过一个信号混合器以向量形式混合为一路信号，输入给 Matlab FCN 模块（见图 3-4），双击该模块，填写上函数过程文件名 compv，进而可以得到输出量 $(\dot{\varphi}_2,\ \dot{r})$；再进一步积分后，即得到位移量 $(\varphi_2(t),\ r(t))$。

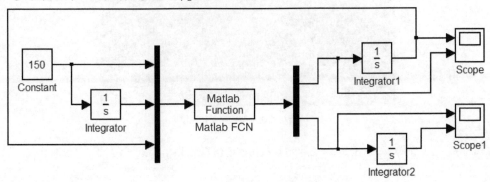

图 3-4　曲柄滑块机构速度仿真框图

该函数模块需要调用子函数 compv，子函数如下：

```
function[x] = compv(u);                    % [x]输出，(u)输入
% 参数说明：r1 曲柄长度，r2 连杆长度
% u(1)曲柄角速度；u(2)曲柄角度，u(3)连杆角度
r1 = 15; r2 = 55;
a = [r2 * sin(u(3)) 1; r2 * cos(u(3)) 0];
b = - u(1) * r1 * [sin(u(2)); cos(u(2))];
x = inv(a) * b;
```

将该文件名储存为 compv. m，然后运行仿真模型，得到的结果如图 3-5 所示。（注意子函数文件名 compv 要和 Matlab FCN 模块调用的 compv 必须一致，并且模型文件和子函数文件必须要在同一文件夹中。）

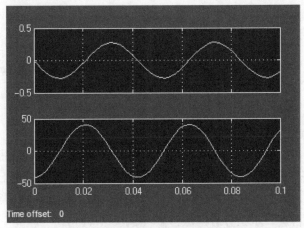

a) 连杆的角速度与角度的变化规律

图 3-5　曲柄滑块机构速度仿真结果图

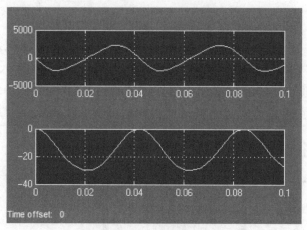

b) 滑块的速度与位移变化规律

图 3-5　曲柄滑块机构速度仿真结果图（续）

设计实例 23　曲柄滑块机构的运动学仿真（加速度分析）

一、基本知识

对仿真实例 22 中的速度表达式求导，得到机构加速度问题的运动学方程为

$$\begin{cases} -r_1(\dot{\varphi}_1^2\cos\varphi_1 + \ddot{\varphi}_1\sin\varphi_1) - r_2(\dot{\varphi}_2^2\cos\varphi_2 + \ddot{\varphi}_2\sin\varphi_2) = \ddot{r} \\ r_1(-\dot{\varphi}_1^2\sin\varphi_1 + \ddot{\varphi}_1\cos\varphi_1) + r_2(-\dot{\varphi}_2^2\sin\varphi_2 + \ddot{\varphi}_2\cos\varphi_2) = 0 \end{cases}$$

机构的输入运动量为 φ_1、$\dot{\varphi}_1$ 和 $\ddot{\varphi}_1$；输出运动量为 φ_2、$\dot{\varphi}_2$、$\ddot{\varphi}_2$ 和 r、$\dot{r}$、$\ddot{r}$。将关于机构加速度问题的运动学方程写成矩阵形式，则为

$$\begin{pmatrix} r_2\sin\varphi_2 & 1 \\ r_2\cos\varphi_2 & 0 \end{pmatrix}\begin{pmatrix} \ddot{\varphi}_2 \\ \ddot{r} \end{pmatrix} = \begin{pmatrix} -r_1\dot{\varphi}_1^2\cos\varphi_1 - r_2\dot{\varphi}_2^2\cos\varphi_2 - r_1\ddot{\varphi}_1\sin\varphi_1 \\ r_1\dot{\varphi}_1^2\sin\varphi_1 + r_2\dot{\varphi}_2^2\sin\varphi_2 - r_1\ddot{\varphi}_1\sin\varphi_1 \end{pmatrix}$$

或

$$\begin{pmatrix} \ddot{\varphi}_2 \\ \ddot{r} \end{pmatrix} = \begin{pmatrix} r_2\sin\varphi_2 & 1 \\ r_2\cos\varphi_2 & 0 \end{pmatrix}^{-1}\begin{pmatrix} -r_1\dot{\varphi}_1^2\cos\varphi_1 - r_2\dot{\varphi}_2^2\cos\varphi_2 - r_1\ddot{\varphi}_1\sin\varphi_1 \\ r_1\dot{\varphi}_1^2\sin\varphi_1 + r_2\dot{\varphi}_2^2\sin\varphi_2 - r_1\ddot{\varphi}_1\sin\varphi_1 \end{pmatrix}$$

二、仿真实例

下面讨论 Simulink 仿真模型的建立。

在该仿真模型中，设系统的输入角速度变化规律为 $\dot{\varphi}_1 = \sin 0.2t$（rad/s），通过一次积分可以得到角度 φ_1，将这两个输入量通过一个信号混合器以向量形式混合为一路信号，链接 Matlab FCN 模块的输入端，该模块通过调用子函数 compa，从而可以得到输出量（$\ddot{\varphi}_2$，$\ddot{r}$），积分后得（$\dot{\varphi}_2$，$\dot{r}$），再进一步积分后得位移量（$\varphi_2(t)$，$r(t)$）。

仿真参数设置如下：

设机构的输入角加速度为 $\omega = \sin(0.2t)$，滑块的初始位移为 70cm，滑块积分器的位移范围设置为［40，70］。使用三个示波器分别显示曲柄、连杆和滑块的速度与位移变换规律。

Simulink 仿真框图如图 3-6 所示。其中 $u(1)$ 代表曲柄旋转角度，$u(2)$ 代表曲柄角速度，$u(3)$ 代表连杆角速度，$u(4)$ 代表曲柄的角度，$u(5)$ 代表连杆的角度。图中的 Gain 元件中的数据 180/pi 表示将连杆的转角单位由弧度转化为度。

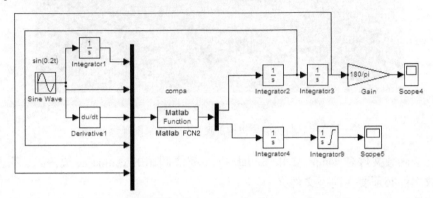

图 3-6 曲柄滑块机构加速度仿真框图

函数模块中的文件代码如下：

function ［x］ = compa(u)

％u(1) 为曲柄的角速度，u(2) 为曲柄的角度，u(3) 为曲柄的角加速度，u(4) 为连杆的角速度，u(5) 为连杆的角度

r1 = 15；　r2 = 55；

a = ［r2 * sin(u5) 1；r2 * cos(u5) 0］；

b = ［ - r1 * (u2)^2 * cos(u1) - r2 * (u4)^2 * cos(u5) - r1 * (u3) * sin(u1)；

　　r1 * (u2)^2 * sin(u1) - r1 * (u3) * cos(u1) + r2 * (u4)^2 * sin(u5)］；

x = inv(a) * b；

连杆角度与滑块位移随时间的变化规律如图 3-7a、b 所示。

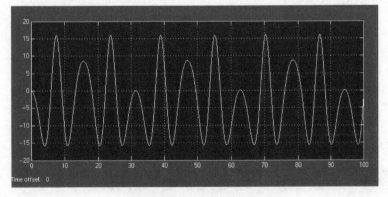

a) 连杆角度随时间的变化规律图

图 3-7 曲柄滑块机构加速度仿真结果图

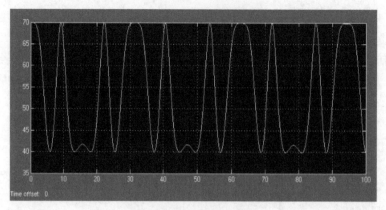

b) 滑块位移随时间的变化规律图

图 3-7　曲柄滑块机构加速度仿真结果图（续）

注意：子函数文件名 compa 要和 Matlab FCN 模块调用的 compa 必须一致，并且模型文件和子函数文件必须要在同一文件夹中。

除了使用其中的 Matlab Function 模块，也可以使用 Embedded Matlab Function（称为嵌入式 Matlab 函数模块）模块来实现，如图 3-8 所示。

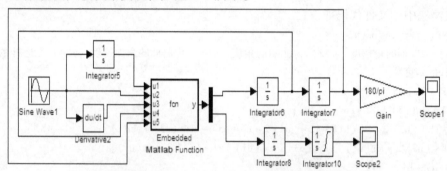

图 3-8　使用 Embedded Matlab Function 模块的仿真框图

直接将代码写在函数模块中

```
function y = fcn(u1,u2,u3,u4,u5)
% This block supports an embeddable subset of the MATLAB language.
% See the help menu for details.
r1 = 15;   r2 = 55;
a = [r2 * sin(u5) 1;r2 * cos(u5) 0];
b = [ - r1 * (u2)^2 * cos(u1) - r2 * (u4)^2 * cos(u5) - r1 * (u3) * sin(u1);
    r1 * (u2)^2 * sin(u1) - r1 * (u3) * cos(u1) + r2 * (u4)^2 * sin(u5)];
y = inv(a) * b;
```

设计实例 24　非线性摆和线性摆系统的仿真

一、基本知识

如图 3-9 所示数学摆，非线性数学摆的动力学方程为

$$ml^2\ddot{\varphi} = -mgl\sin\varphi \tag{1}$$

如果将非线性摆简化为线性摆，则动力学方程为

$$ml^2\ddot{\varphi} = -mgl\varphi \tag{2}$$

式（1）和式（2）到底差别有多大呢？这样的问题一般情况下没有定量的回答，但通过仿真，我们可以对其进行定量分析。

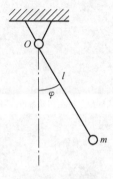

图 3-9 数学摆

二、仿真实例

设 $l = 1\text{m}$，$g = 9.8\text{m/s}^2$，对式（1）、式（2）建立 Simulink 仿真模型如图 3-10 所示，得到的仿真结果如图 3-11a、b 所示。结果表明：误差的大小和给定的初始条件有关。关于此知识请读者自行分析。

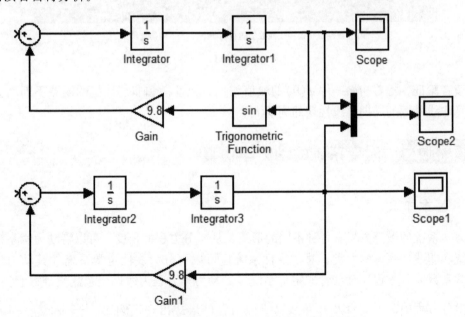

图 3-10 非线性数学摆和线性数学摆的仿真框图

情况 1 设初始条件为 $\varphi(0) = 0.2$，$\dot{\varphi}(0) = 0$，仿真结果如图 3-11a 所示。

情况 2 设初始条件为 $\varphi(0) = 0.9$，$\dot{\varphi}(0) = 0$，仿真结果如图 3-11b 所示。

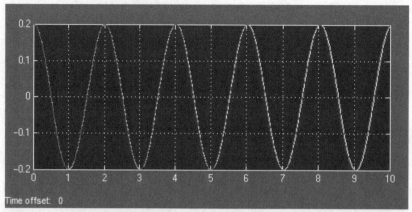

a) 非线性数学摆和线性数学摆在初始条件(1)下的仿真结果

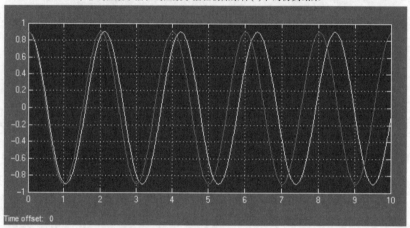

b) 非线性数学摆和线性数学摆在初始条件(2)下的仿真结果

图 3-11

请读者验证，随着初始条件 $\varphi(0)$ 的取值增大，线性摆和非线性摆的误差不断增大。从图中可见非线性摆的周期比线性摆的周期大。

设计实例 25　时变系统的动力学仿真

一、基本知识

动力学系统的微分方程有各种不同的形式，从微分方程的角度，可以将动力学系统分为线性系统和非线性系统两大类。对于线性系统还可以再分为线性定常系统（其动力学方程为线性常系数微分方程）和线性非定常系统（其动力学方程为线性变系数微分方程）。在线性定常微分方程中，因变量及其导数以线性组合的形式出现，例如：$\dfrac{\mathrm{d}^2 x}{\mathrm{d}t^2} + 5\,\dfrac{\mathrm{d}x}{\mathrm{d}t} + 10x = 0$，易见该微分方程中的所有系数为常数，因此也称为线性常系数微分方程。

如果微分方程中的系数包含了自变量，例如：$\dfrac{\mathrm{d}^2 x}{\mathrm{d}t^2} + (1 - \cos 2t)\ x = 0$，这种方程称为线

性非定常微分方程。

如果方程不是线性的，则称为非线性微分方程，例如：$\dfrac{d^2x}{dt^2} + (x^2 - 1)\dfrac{dx}{dt} + 5x = 0$，或$\dfrac{d^2x}{dt^2} +$

$\dfrac{dx}{dt} + x + x^3 = \cos\omega t$，方程中出现了因变量的非线性项，这些方程为非线性微分方程。

二、仿真实例

在本实例中，对数学模型$\dfrac{d^2x}{dt^2} + (1 - \cos 2t)\,x = 0$进行仿真。初始条件为$x(0) = 20$，

$\dot{x}(0) = 0$，搭建仿真模型的过程中主要使用了乘法模块如图3-12所示。

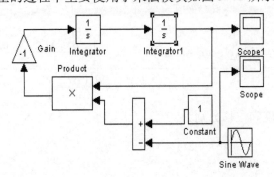

a) 仿真图

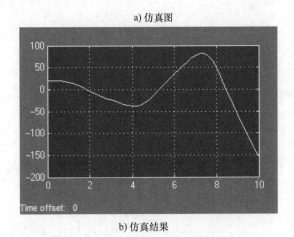

b) 仿真结果

图3-12 时变系统的仿真图及结果

对于复杂函数，可以借助于 FCN 模块实现。

设计实例26 威尔逊法计算三自由度简谐受迫振动

一、基本知识

威尔逊（Wilson）θ法的稳定性分析表明：当$\theta \geqslant 1.37$时，系统的运动是无条件稳定的。

在大多数情况下，取 $\theta = 1.4$ 左右，可得出很好的结果。无条件稳定的威尔逊 θ 法的时间步长不受结构周期长短的限制，因此得到了广泛应用。在使用中，可以将位移或者加速度作为变量得到不同的计算公式。

外插加速度为

$$\ddot{x}_{t+\theta\Delta t} = \ddot{x}_t + \frac{(\ddot{x}_{t+\Delta t} - \ddot{x}_t)}{\Delta t}\theta\Delta t = \ddot{x}_t + (\ddot{x}_{t+\Delta t} - \ddot{x}_t)\theta$$

外插点的动力学方程为

$$m\ddot{x}_{t+\theta\Delta t} + c\dot{x}_{t+\theta\Delta t} + kx_{t+\theta\Delta t} = F_{t+\theta\Delta t}$$

载荷外插值为

$$F_{t+\theta\Delta t} = F_t + \theta(F_{t+\Delta t} - F_t)$$

解得的外插加速度为

$$\ddot{x}_{t+\theta\Delta t} = \frac{F_{t+\theta\Delta t} - (c + k\theta\Delta t)\dot{x}_t - kx_t - \left[k\dfrac{\theta^2(\Delta t)^2}{3} + c\dfrac{\theta\Delta t}{2}\right]\ddot{x}_t}{\left[m + c\dfrac{\theta\Delta t}{2} + k\dfrac{\theta^2(\Delta t)^2}{6}\right]}$$

标准节点的加速度、速度和位移分别为

$$\ddot{x}(t+\Delta t) = \ddot{x}_t + \frac{1}{\theta}(\ddot{x}_{t+\theta\Delta t} - \ddot{x}_t)$$

$$\dot{x}(t+\Delta t) = \dot{x}_t + \frac{\Delta t}{2}(\ddot{x}_{t+\Delta t} + \ddot{x}_t)$$

$$x(t+\Delta t) = x_t + \dot{x}_t\Delta t + \frac{(\Delta t)^2}{6}(\ddot{x}_{t+\Delta t} + 2\ddot{x}_t)$$

二、仿真实例

设系统的动力学方程为

$$2\begin{pmatrix} 1 & 0 & 0 \\ 0 & 1 & 0 \\ 0 & 0 & 1 \end{pmatrix}\begin{pmatrix} \ddot{x}_1 \\ \ddot{x}_2 \\ \ddot{x}_3 \end{pmatrix} + \begin{pmatrix} 2 & -1 & 0 \\ -1 & 2 & -1 \\ 0 & -1 & 2 \end{pmatrix}\begin{pmatrix} \dot{x}_1 \\ \dot{x}_2 \\ \dot{x}_3 \end{pmatrix} + 50\begin{pmatrix} 2 & -1 & 0 \\ -1 & 2 & -2 \\ 0 & -1 & 2 \end{pmatrix}\begin{pmatrix} x_1 \\ x_2 \\ x_3 \end{pmatrix} = \begin{pmatrix} 2\sin(3.5t) \\ -2\cos(2t) \\ \sin(3t) \end{pmatrix}$$

初始条件为

$$\begin{pmatrix} \dot{x}_1(0) \\ \dot{x}_2(0) \\ \dot{x}_3(0) \end{pmatrix} = \begin{pmatrix} 1 \\ 1 \\ 1 \end{pmatrix}, \quad \begin{pmatrix} x_1(0) \\ x_2(0) \\ x_3(0) \end{pmatrix} = \begin{pmatrix} 1 \\ 1 \\ 1 \end{pmatrix}$$

试用威尔逊 θ 法计算三自由度离散系统在时间（0~15s）内的位移时间历程曲线。

Matlab 脚本文件如下：

```
clear all
m = 2 * [1 0 0;0 1 0;0 0 1];          % 质量矩阵
c = [2 -1 0;-1 2 -1;0 -1 2];          % 阻尼矩阵
k = 50 * [2 -1 0;-1 2 -2;0 -1 2];     % 刚度矩阵
x0 = [1 1 1]';                        % 初位移
v0 = [1 1 1]';                        % 初速度
```

```
delt = 0. 01 ;                              % 时间步长
time = 15 ;                                 % 仿真时间
n = time/delt ;                             % 循环次数
xita = 1. 4 ;                               % 威尔逊参数
disp = zeros( n ,3) ;                       % 设定 n 行 3 列存储位移矩阵
minv = inv( m + c ∗ xita ∗ delt/2 + k ∗ xita^2 ∗ delt^2/6) ;              % 求逆
i = 1 ;
for t = 0 :delt :time ;
    if t = = 0
    f0 = [ 2. 0 ∗ sin( 3. 5 ∗ t)  − 2. 0 ∗ cos( 2 ∗ t) 1. 0 ∗ sin( 3 ∗ t) ]' ;      % 初始外扰力
    a0 = inv( m) ∗ ( f0 − k ∗ x0 − c ∗ v0) ;                       % 初始加速度
    else
    df = [ 2. 0 ∗ sin( 3. 5 ∗ t)    − 2. 0 ∗ cos( 2 ∗ t)    1. 0 ∗ sin( 3 ∗ t) ]' ;% 外扰力
    f = f0 + xita ∗ ( df − f0) ;
    da = minv ∗ ( f − ( c + k ∗ xita ∗ delt) ∗ v0 − k ∗ x0 − ( k ∗ xita^2 ∗ delt^2/3 + c ∗ xita ∗ delt/2) ∗ a0) ;%
计算加速度增量位移
    a = a0 + ( da − a0)/xita ;                                      % 计算加速度
    v = v0 + ( a + a0) ∗ delt/2 ;                                   % 计算速度
    x = x0 + v0 ∗ delt + ( a + 2 ∗ a0) ∗ delt^2/6 ;                 % 计算位移
    a0 = a ;   v0 = v ;   x0 = x ;   f0 = f ; i = i + 1 ;
    end
    disp( i ,:) = x0 ;
end
        t = 0 :delt :time ;
plot( t ,disp( :,1) ,t ,disp( :,2) ,t ,disp( :,3)) ,grid ,xlabel( '时间( s)') ,title( '3 自由度时程曲线') ;
```

位移时间历程曲线图如图 3-13 所示。

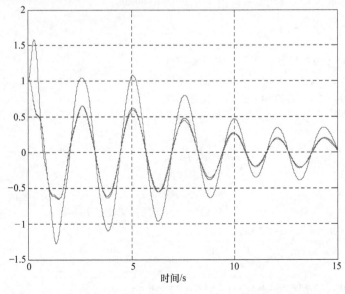

图 3-13 三自由度离散系统简谐受迫振动的位移时间历程图

设计实例 27 线性加速度法计算三自由度简谐受迫振动

一、基本知识

线性加速度法的基本思想是在时间 t_i 和 $t_i + \Delta t$ 之间的 t 瞬时的加速度视为线性变化，即

$$\ddot{x}(t) = \ddot{x}_i + \frac{\ddot{x}_{i+1} - \ddot{x}_i}{\Delta t}(t - t_i)(t_i < t < t_{i+1})$$

其中，$\Delta t = t_{i+1} - t_i$，对上式进行一次和两次积分，可以得到速度和位移的变化规律：

$$\dot{x}(t) = \dot{x}_i + \ddot{x}_i(t - t_i) + \frac{\ddot{x}_{i+1} - \ddot{x}_i}{2\Delta t}(t - t_i)^2$$

$$x(t) = x_i + \dot{x}_i(t - t_i) + \frac{\ddot{x}_i}{2}(t - t_i)^2 + \frac{\ddot{x}_{i+1} - \ddot{x}_i}{6\Delta t}(t - t_i)^3$$

二、仿真实例

设系统的动力学方程为

$$2\begin{pmatrix} 1 & 0 & 0 \\ 0 & 1 & 0 \\ 0 & 0 & 1 \end{pmatrix}\begin{pmatrix} \ddot{x}_1 \\ \ddot{x}_2 \\ \ddot{x}_3 \end{pmatrix} + \begin{pmatrix} 2 & -1 & 0 \\ -1 & 2 & -1 \\ 0 & -1 & 2 \end{pmatrix}\begin{pmatrix} \dot{x}_1 \\ \dot{x}_2 \\ \dot{x}_3 \end{pmatrix} + 50\begin{pmatrix} 2 & -1 & 0 \\ -1 & 2 & -2 \\ 0 & -1 & 2 \end{pmatrix}\begin{pmatrix} x_1 \\ x_2 \\ x_3 \end{pmatrix} = \begin{pmatrix} 2\sin(3.5t) \\ -2\cos(2t) \\ \sin(3t) \end{pmatrix}$$

初始条件为

$$\begin{pmatrix} \dot{x}(0) \\ \dot{x}_2(0) \\ \dot{x}_3(0) \end{pmatrix} = \begin{pmatrix} 1 \\ 1 \\ 1 \end{pmatrix}, \begin{pmatrix} x_1(0) \\ x_2(0) \\ x_3(0) \end{pmatrix} = \begin{pmatrix} 1 \\ 1 \\ 1 \end{pmatrix}$$

下面采用线性加速度法计算三自由度简谐受迫振动。

Matlab 脚本文件如下：

```
clear all
m = 2 * [1 0 0;0 1 0;0 0 1];            % 质量矩阵
c = [2 -1 0; -1 2 -1;0 -1 2];           % 阻尼矩阵
k = 50 * [2 -1 0; -1 2 -2;0 -1 2];      % 刚度矩阵
x0 = [1;1;1];                           % 初位移
v0 = [1;1;1];                           % 初速度
delt = 0.1;                             % 时间步长
time = 20;                              % 仿真时间
n = time/delt;                          % 循环次数
dp = zeros(n,3);                        % 设定 n 行 3 列存储位移矩阵
  minv = inv(m + delt * c/2 + delt^2 * k/6);
i = 1;
for t = 0:delt:time
    f = [2.0 * sin(3.5 * t)  -2.0 * cos(2 * t) 1.0 * sin(3 * t)]';        % 外扰力
      if t = =0
```

```
            a0 = inv(m) * (f - k * x0 - c * v0);%初始加速度
      else
            a = minv * (f - c * (v0 + delt/2 * a0) - k * (x0 + delt * v0 + delt^2 * a0/3));  % 计算加速度
            v = v0 + delt * (a0 + a)/2;                              % 计算速度
            x = x0 + delt * v0 + delt^2/3 * a0 + delt^2/6 * a;        % 计算位移向量
            a0 = a;   v0 = v;   x0 = x;   i = i + 1;
      end
            dp(i,:) = x0;                                            % 把位移储存到行矩
                                                                       阵中
end
t = 0:delt:time;
plot(t,dp(:,1),t,dp(:,2),t,dp(:,3)),grid,xlabel('时间(s)'),title('3 自由度时程曲线');
```

位移时间历程曲线图如图 3-14 所示。

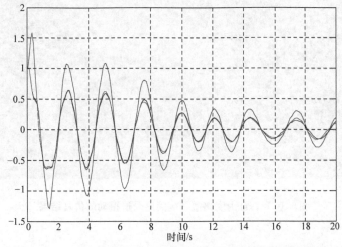

图 3-14　三自由度离散系统简谐受迫振动的位移时间历程图

　　为了验证以上结果，可采用 Simulink 仿真方法重新计算上述问题，搭建的仿真图如图 3-15所示。其中 FCN 模块中的代码为激振力。

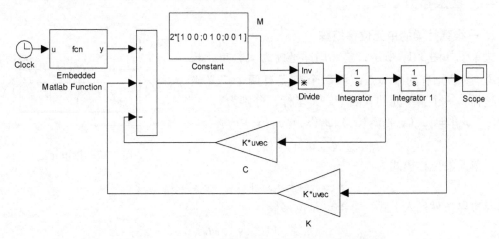

图 3-15　三自由度离散系统简谐受迫振动的仿真框图

其中的 Matlab Function 如下：

function y = fcn(u)

% This block supports an embeddable subset of the Matlab language.

% See the help menu for details.

y = [2.0 * sin(3.5 * u) -2.0 * cos(2 * u) 1.0 * sin(3 * u)]';

仿真结果如图 3-16 所示。

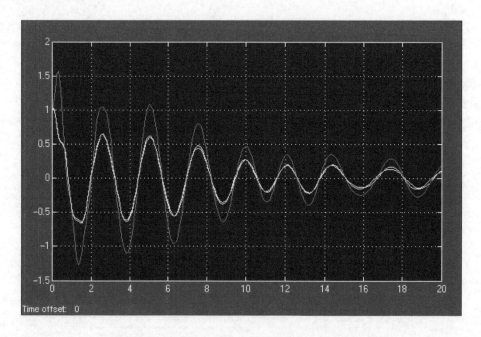

图 3-16　三自由度离散系统简谐受迫振动的仿真结果

设计实例 28　弹性梁的有限元分析

一、基本知识

1. 一维弹性梁的单元位移矩阵

梁单元如图 3-17 所示，单元局部坐标为 x_e，单元长度为 l。该单元有两个节点，而每个节点有两个广义坐标，这样，一个梁单元共有四个广义坐标，分别为

$$[\varphi_e] = [\varphi_1(x_e), \varphi_2(x_e), \varphi_3(x_e), \varphi_4(x_e)]$$

$$\{q_e\} = \{q_{e1}, q_{e2}, q_{e3}, q_{e4}\}^T$$

设单元的位移模式为

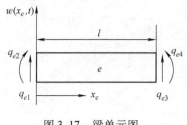

图 3-17　梁单元图

$$w(x_e, t) = c_1 x_e^3 + c_2 x_e^2 + c_3 x_e + c_4$$

将单元边界条件代入上式，可得单元位移模式

$$w(x_e, t) = [\varphi_e]\{q_e\}$$

其中，

$$\varphi_1(x_e) = 1 - \frac{3x_e{}^2}{l^2} + \frac{2x_e{}^3}{l^3}, \quad \varphi_2(x_e) = x_e - \frac{2x_e^2}{l} + \frac{x_e^3}{l^2},$$

$$\varphi_3(x_e) = \frac{3x_e^2}{l^2} - \frac{2x_e^3}{l^3}, \quad \varphi_4(x_e) = -\frac{x_e^2}{l} + \frac{x_e^3}{l^2}$$

质量矩阵为

$$[M_e] = \int_0^l \rho [\varphi_e]^{\mathrm{T}} [\varphi_e] \mathrm{d}x$$

矩阵中的元素为

$$m_{ij} = \int_0^l \rho \varphi_i(x) \varphi_j(x_e) \mathrm{d}x_e$$

刚度矩阵为

$$[K_e] = \int_0^l EI [\varphi''_e]^{\mathrm{T}} [\varphi''_e] \mathrm{d}x$$

矩阵中的元素为

$$k_{ij} = \int_0^l EI \varphi''_i(x_e) \varphi''_j(x_e) \mathrm{d}x_e$$

广义力矩阵为

$$F_e(t) = \int_0^l F(x_e, t) [\varphi_e]^{\mathrm{T}} \mathrm{d}x_e$$

其元素为

$$F_e^j(t) = \int_0^l F(x_e, t) \varphi_j(x_e) \mathrm{d}x_e$$

最后可得单元动力学微分方程为

$$[M_e]\{\ddot{q}\}_e + [K_e]\{q\}_e = \{F\}_e$$

2. 总体系统动力学微分方程

以上仅仅给出了单元系统的微分方程，通过单元的对接条件，可以得到总体坐标系下的动力学微分方程。为此，可先引入总体节点位移向量 $\{q\} = \{q_1, q_2, \cdots, q_n\}^{\mathrm{T}}$；对于梁单元，共有 $n = 2(N+1)$ 个位移分量与单元节点位移向量 $\{q\}_e = \{q_{e1}, q_{e2}, q_{e3}, q_{e4}\}^{\mathrm{T}}$。

设局部位移向量与总体位移向量的关系为

$$\{q\}_{ei} = [s_i]\{q\} \quad (i = 1, 2, \cdots, N)$$

则总体质量矩阵为

$$M = \sum_i^N [s_i]^{\mathrm{T}} [M_{ei}][s_i] = \sum_i^N \widetilde{M}_{ei}$$

其中

$$\widetilde{M}_{ei} = [s_i]^{\mathrm{T}} [M_{ei}][s_i]$$

总体刚度矩阵为

$$K = \sum_i^N [s_i]^{\mathrm{T}} [K_{ei}][s_i] = \sum_i^N \widetilde{K}_{ei}$$

其中

$$\widetilde{K}_{ei} = [s_i]^T[K_{ei}][s_i]$$

总体激励列阵为

$$\{F\} = \sum_{i=1}^{N}[s_i]^T\{F\}_{ei} = \sum_{i=1}^{N}\widetilde{F}_{ei}$$

其中，

$$\widetilde{F}_{ei} = [s_i]^T\{F\}_{ei}$$

二、仿真实例

设梁如图 3-18 所示，受到的载荷 $F_1(t) = 1.2\sin20\pi t$，$F_2(t) = \sin30\pi t$，两段长度均为 l，各段单位质量均为 ρ，弯曲刚度 EI 均为已知常数。现将梁划分为四个单元，计算其固有频率和精确解之间的误差。

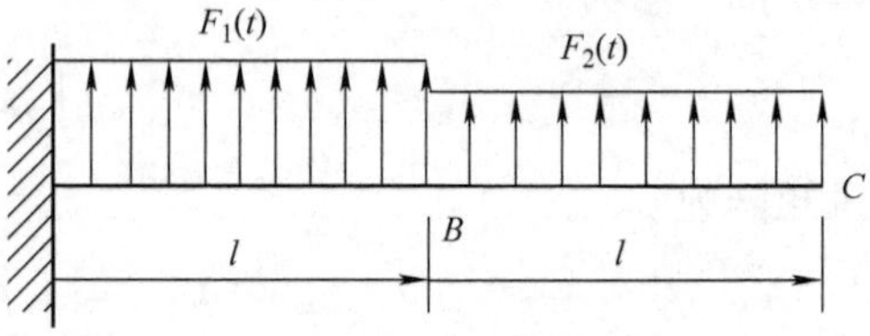

全部使用 M 文件建立系统的动力学方程，进而求解系统的固有频率。

图 3-18　梁单元图

分 4 个单元，每个单元的长度为 $l/2$，脚本文件如下：

```
% 求质量矩阵（符号积分 L 为梁的几何尺寸，m0 为单位长度质量，EI 为弯曲刚度）
    clear
    clc
    x = sym('x');L = sym('L') ;M0 = sym('P');EI = sym('EI');        % 定义符号
    N = [1 - 3 * (x^2)/(L^2) + 2 * (x^3)/(L^3), x - 2 * (x^2)/L + (x^3)/(L^2),...
        3 * (x^2)/(L^2) - 2 * (x^3)/(L^3), - (x^2)/L + (x^3)/(L^2) ];  % 定义形函数
    Mt = transpose(N);                                             % 求矩阵转置
    ME = M0 * int(Mt * N,x, 0, 'L');  % 通过积分求单元质量矩阵,手动提取了公共因子
M0 = LP/420;
    ME = subs(ME,'L',L/2);           % 因为每个单元长度为 L/2,所以要使用替换函数
    ME = subs(ME,'P',1);            % 因为每个单元长度为 L/2,所以要使用替换函数
    % 求刚度矩阵(符号积分)
    clear
    x = sym('x'); L = sym('L');      % 定义符号
    N = [1 - 3 * (x^2)/(L^2) + 2 * (x^3)/(L^3), x - 2 * (x^2)/L + (x^3)/(L^2),...
        3 * (x^2)/(L^2) - 2 * (x^3)/(L^3), - (x^2)/L + (x^3)/(L^2) ] ; % 定义形函数
    Ni = diff( N, x, 2 );            % 形函数对 x 求二阶偏导数
    Nt = transpose( Ni );            % 求矩阵转置
    k = Nt * Ni;
    KE = EI * int(k,x, 0, 'L')  ;    % 求积分
    KE = subs(KE,'L',L/2);           % 因为每个单元长度为 L/2,所以要使用替换函数
    KE = subs(KE,'EI',100);          % 设弯曲刚度 EI = 100,使用替换函数
    % 求广义力(符号积分)
    Clear;
    x = sym('x'); L = sym('L');F1 = sym( 'Sin(20 * PI * t)');F2 = sym( 'Sin(30 * PI * t)'); % 定义符号
    N = [1 - 3 * (x^2)/(L^2) + 2 * (x^3)/(L^3), x - 2 * (x^2)/L + (x^3)/(L^2),...
```

```
3 * (x^2)/(L^2) - 2 * (x^3)/(L^3), - (x^2)/L + (x^3)/(L^2) ];     % 定义形函数
Nt = transpose(N);                                               % 求矩阵转置
f1 = F1 * Nt;f2 = F1 * Nt;f3 = F2 * Nt;f4 = F2 * Nt;
Q1 = int(f1,'x',0,L);Q2 = int(f2,'x',0,L);
Q3 = int(f3,'x',0,L);Q4 = int(f4,'x',0,L);
Q1 = subs(Q1,'L',L/2);Q2 = subs(Q2,'L',L/2);
Q3 = subs(Q3,'L',L/2);Q4 = subs(Q4,'L',L/2);
Q = int([f1;f2;f3;f4],'x',0,L);
Q = subs(Q,'L',L/2);                    % 求总体质量阵、总体刚度阵和总体激振力列阵,有四个单
                                        元,5 个节点,10 个节点,代码如下:

Clear;
s1 = [ 1 0 0 0 0 0 0 0 0 0 ;
       0 1 0 0 0 0 0 0 0 0 ;
       0 0 1 0 0 0 0 0 0 0 ;
       0 0 0 1 0 0 0 0 0 0 ];           % 坐标转换关系
s2 = [ 0 0 1 0 0 0 0 0 0 0 ;
       0 0 0 1 0 0 0 0 0 0 ;
       0 0 0 0 1 0 0 0 0 0 ;
       0 0 0 0 0 1 0 0 0 0 ];           % 坐标转换关系
s3 = [ 0 0 0 0 1 0 0 0 0 0 ;
       0 0 0 0 0 1 0 0 0 0 ;
       0 0 0 0 0 0 1 0 0 0 ;
       0 0 0 0 0 0 0 1 0 0 ];           % 坐标转换关系
s4 = [ 0 0 0 0 0 0 1 0 0 0 ;
       0 0 0 0 0 0 0 1 0 0 ;
       0 0 0 0 0 0 0 0 1 0 ;
       0 0 0 0 0 0 0 0 0 1 ];           % 坐标转换关系
M = s1' * ME * s1 + s2' * ME * s2 + s3' * ME * s3 + s4' * ME * s4;
K = s1' * KE * s1 + s2' * KE * s2 + s3' * KE * s3 + s4' * KE * s4;
Q = s1' * Q1 + s2' * Q2 + s3' * Q3 + s4' * Q4;
% 为了比较结果,设 L = 1m
M = subs(M,'L',1);
K = subs(K,'L',1);
Q = subs(Q,'L',1);
% 对于有约束情况,则去掉对应的零位移所对应的行和列
% 例如两端铰链支撑,取 q1 = 0;q9 = 0
disp ('两端铰链支撑的梁,取 q1 = 0;q9 = 0')
% 根据约束条件,则应该划掉对应的第一行和第九行以及第一列和第九列
M1 = [M(2:8,2:8)];          % 取出第二行到第八行以及第二列到第八列的矩阵元素
M2 = [M(2:8,10)];           % 取出第二行到第八行以及第 10 列的矩阵元素
M3 = [M(10,2:8)];           % 取出第 10 行和第二列到第八列的矩阵元素
M4 = [M(10,10)];            % 取出第 10 行第 10 列的矩阵元素
MM = [M1 M2;M3 M4]          % 总体质量矩阵
K1 = [K(2:8,2:8)];          % 取出第二行到第八行以及第二列到第八列的矩阵元素
K2 = [K(2:8,10)];           % 取出第二行到第八行以及第 10 列的矩阵元素
```

K3 = [K(10,2:8)];　　　　　　　% 取出第 10 行和第二列到第八列的矩阵元素

K4 = [K(10,10)];　　　　　　　% 取出第 10 行第 10 列的矩阵元素

KK = [K1 K2;K3 K4]　　　　　% 总体质量矩阵

QQ = [Q(2:8,:);Q(10,1)]

pp = sqrt(eig(KK,MM))

disp('左端固定,右端自由梁,去掉 q1 =0;q2 = 0 对应的行和列')

MM = M(3:10,3:10)

KK = K(3:10,3:10)

QQ = Q(3:10,1)

pp = sqrt(eig(KK,MM))

运行结果如下:

（1）两端铰链支撑的梁（去掉第一行和第九行，第一列和第九列）

$$M = \begin{pmatrix} 0.0012 & 0.0077 & -0.0009 & 0 & 0 & 0 & 0 & 0 \\ 0.0077 & 0.3714 & 0 & 0.0643 & -0.0077 & 0 & 0 & 0 \\ -0.0009 & 0 & 0.0024 & 0.0077 & -0.0009 & 0 & 0 & 0 \\ 0 & 0.0643 & 0.0077 & 0.3714 & 0 & 0.0643 & -0.0077 & 0 \\ 0 & -0.0077 & -0.0009 & 0 & 0.0024 & 0.0077 & -0.0009 & 0 \\ 0 & 0 & 0 & 0.0643 & 0.0077 & 0.3714 & 0 & -0.0077 \\ 0 & 0 & 0 & -0.0077 & -0.0009 & 0 & 0.0024 & -0.0009 \\ 0 & 0 & 0 & 0 & 0 & -0.0077 & -0.0009 & 0.0012 \end{pmatrix}$$

$$K = \begin{pmatrix} 800 & -2400 & 400 & 0 & 0 & 0 & 0 & 0 \\ -2400 & 19200 & 0 & -9600 & 2400 & 0 & 0 & 0 \\ 400 & 0 & 1600 & -2400 & 400 & 0 & 0 & 0 \\ 0 & -9600 & -2400 & 19200 & 0 & -9600 & 2400 & 0 \\ 0 & 2400 & 400 & 0 & 1600 & -2400 & 400 & 0 \\ 0 & 0 & 0 & -9600 & -2400 & 19200 & 0 & 2400 \\ 0 & 0 & 0 & 2400 & 400 & 0 & 1600 & 400 \\ 0 & 0 & 0 & 0 & 0 & 2400 & 400 & 800 \end{pmatrix}$$

$$Q = \begin{pmatrix} \dfrac{1}{48}\sin(2\pi t) \\[2mm] \dfrac{1}{2}\sin(20\pi t) \\[2mm] 0 \\[2mm] \dfrac{1}{4}\sin(20\pi t) + \dfrac{1}{4}\sin(30\pi t) \\[2mm] -\dfrac{1}{48}\sin(20\pi t) + \dfrac{1}{48}\sin(30\pi t) \\[2mm] \dfrac{1}{2}\sin(30\pi t) \\[2mm] 0 \\[2mm] -\dfrac{1}{48}\sin(30\pi t) \end{pmatrix}$$

固有频率（有限元解）为

$$\boldsymbol{\omega}_{\mathrm{p}} = 10^3 (0.0247, 0.0991, 0.2261, 0.4382, 0.6965, 1.1014, 1.6501, 2.0080)$$

（2）左端固定，右端自由的梁（去掉第一行和第九行，第一列和第九列）

可以得到固有频率（有限元解）：

$$\boldsymbol{\omega}_{\mathrm{p}} = 10^3 (0.0088, 0.0552, 0.1554, 0.3066, 0.5703, 0.9160, 1.4521, 2.3826)$$

第4部分

振动系统仿真模型

单自由度阻尼系统的自由振动与受迫振动系统动力学仿真

一、基本知识

单自由度系统的数学模型为

$$m\frac{\mathrm{d}^2 x}{\mathrm{d}t^2} + c\frac{\mathrm{d}x}{\mathrm{d}t} + kx = F(t)$$

其中，m 为系统的质量，c 为阻尼元件的阻尼系数，k 为弹簧元件的刚度。当 $F(t)=0$ 时系统的振动称为自由振动，否则为受迫振动。

二、仿真实例

（1）建立给定的数学模型

$$20\frac{\mathrm{d}^2 x}{\mathrm{d}t^2} + 5\frac{\mathrm{d}x}{\mathrm{d}t} + 100x = 0$$

在初始条件：$\dot{x}(0)=5$，$x(0)=15$ 下的仿真框图如图 4-1 所示。

（2）建立给定的数学模型

$$20\frac{\mathrm{d}^2 x}{\mathrm{d}t^2} + 5\frac{\mathrm{d}x}{\mathrm{d}t} + 100x = 4\sin 5t$$

对其进行仿真计算，如图 4-2 所示，并给出位移和速度的时间历程曲线。

在该模型中使用了积分元件、加法器和增益模块，并用示波器跟踪输出曲线。

（3）自由振动的仿真模型

图 4-1b 所示自由振动的仿真结果分别是加速度响应、速度响应和位移响应曲线。

（4）受迫振动的仿真模型

图 4-2b 所示受迫振动的仿真结果分别是加速度响应、速度响应和位移响应曲线。

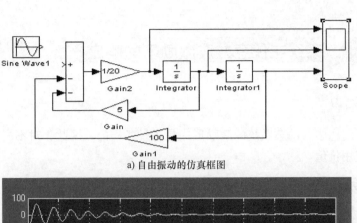

a) 自由振动的仿真框图

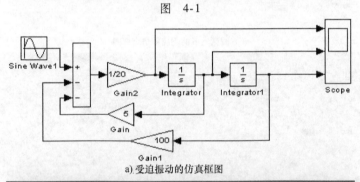

b) 自由振动的仿真结果

图 4-1

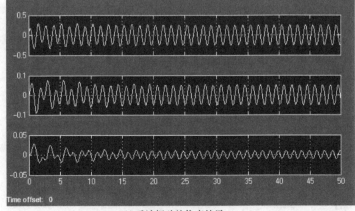

a).受迫振动的仿真框图

b) 受迫振动的仿真结果

图 4-2

设计实例 30　系统在任意方波激励下的响应分析

一、基本知识

在工程实际问题中，动态系统的激励形式是各种各样的，因此，对不同激励形式的仿真有一定的实际应用价值。

二、仿真实例

在该模型中，使用了时钟模块和逻辑模块，通过逻辑模块来切断激励形式，从而达到了获得不同激励形式（包括任意**方波激励**）的目的，如图 4-3a 所示。仿真结果如图 4-3b 所示。

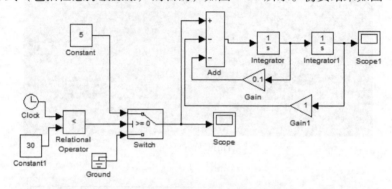

a) 方波激励下的响应的仿真框图

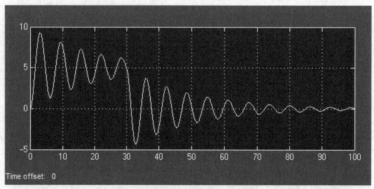

b) 方波激励下的响应的仿真结果

图　4-3

注意：可以通过两个阶跃信号来组合任意脉冲激励。

设计实例 31　一维弹性系统振动的仿真

一、基本知识

弹性体模型的质量和刚度均是连续分布的，具有无穷多自由度，因此弹性体振动时也具有无穷多阶模态。对于理想边界条件，一般系统的固有模态和频率已知，这样可以将弹性体振动问题转化到模态空间中进行求解。

设所研究的问题是梁的弯曲振动，则梁的动力学方程

$$\rho \frac{\partial^2 y(x,t)}{\partial t^2} + EI \frac{\partial^4 y(x,t)}{\partial x^4} = q(x,t)$$

其中，$q(t)$ 是作用在梁上的分布载荷集度。在给定边界条件下，设系统的正则归一化模态函数为

$$\varphi_i(x),(i=1,2,\cdots,n)$$

取其中的 n 阶模态变换为

$$y(x,t) = \sum_{i=1}^{n} \varphi_i(x) \eta_i(t)$$

其中，$\eta_i(t)$ 是主坐标。将上列坐标变换式代入梁的动力学方程，并利用模态函数的正交性，有

$$\frac{\mathrm{d}^2 \eta_i(t)}{\mathrm{d}t^2} + \omega_i^2 \eta_i(t) = \int_0^l q(x,t)\varphi_i(x)\mathrm{d}x \quad (i=1,2,\cdots,n)$$

将上式写成有限矩阵形式，为

$$[I]\{\ddot{\eta}\} + \mathrm{diag}[\omega_i^2]\{\eta\} = \{Q(t)\}$$

其中，

$$\mathrm{diag}[\omega_i^2] = \begin{pmatrix} \omega_1^2 & 0 & \cdots & 0 \\ 0 & \omega_2^2 & \cdots & 0 \\ \vdots & \vdots & & \vdots \\ 0 & 0 & \cdots & \omega_n^2 \end{pmatrix}_{n\times n}, Q_i(t) = \int_0^l q(x,t)\varphi_i(x)\mathrm{d}x$$

二、仿真实例

已知简支梁的长度 $l=10\mathrm{m}$，梁截面为矩形，宽度 $b=1\mathrm{m}$，高度 $h=1.5\mathrm{m}$，弹性模量 $E=200\mathrm{GPa}$，比重 $\gamma=24\mathrm{kN/m^3}$，固有模态函数为

$$y_i(x) = \sqrt{\frac{2}{\rho l}}\sin\frac{i\pi}{l}x$$

频率为

$$\omega_i = \sqrt{\frac{EI}{\rho}}\frac{i^2\pi^2}{l^2}$$

其中，ρ 为梁单位长度的密度，则有

$$\rho = \frac{\gamma hb}{g} = 3.6735\times10^3\mathrm{kg/m}$$

在梁的中跨截面作用一竖直向下的集中力 $F=1\mathrm{kN}$，设其作用时间为 2s。取前三阶模态作为系统振动的近似解，试求梁的响应。

先根据以上理论求出模态空间的广义力。

$$F_i(t) = \int_0^l q(x,t)\varphi_i(x)\mathrm{d}x = F\sqrt{\frac{2}{\rho l}}\int_0^l \sin\frac{i\pi}{l}x\mathrm{d}x = F\sqrt{\frac{2}{\rho l}}\frac{l}{i\pi}(1-\cos(i\pi))$$

系统的前三阶固有频率分别为

$$\omega_1 = 386.2094\,\mathrm{rad/s}; \quad \omega_2 = 1.5448 \times 10^3\,\mathrm{rad/s}; \quad \omega_3 = 3.4759 \times 10^3\,\mathrm{rad/s}$$

模态空间的广义力分别为

$$F_1(t) = F \times 8.6279 \times 2 = 17.2558F; \quad F_2(t) = 0; \quad F_3(t) = F \times 2.8760 = 2.8760F$$

图 4-4b 所示仿真框图中的激励使用两个阶跃激励来实现，图 4-4a 所示为参数设置界面。结果如图 4-4c 所示。

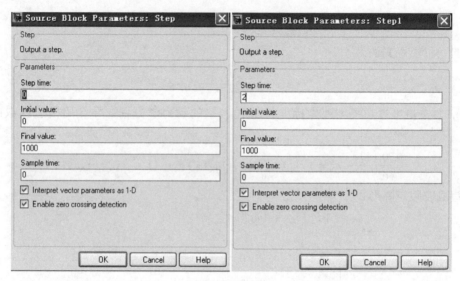

a) 激励参数设置界面

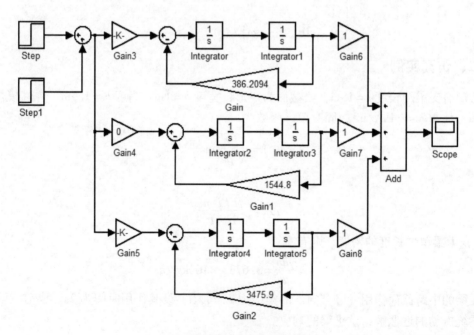

b) 一维弹性系统振动的仿真框图

图　4-4

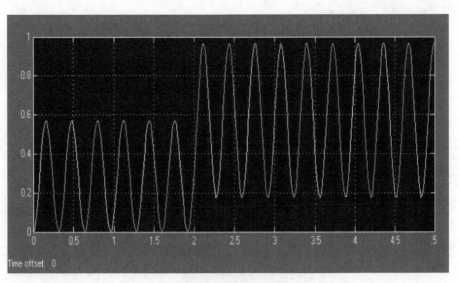

c) 一维弹性系统振动的仿真结果

图 4-4（续）

设计实例 32 系统在变频激励下的响应

一、基本知识

当动态系统的激励频率随时间改变时，此激励称为变频激励，也称为扫描激励。在工程实际中，频率扫描速度对系统的动态响应有极大的影响，例如设备在启动和制动过程中往往受到变频激励的作用。

二、仿真实例

仿真数学模型为

$$\frac{\mathrm{d}^2 x}{\mathrm{d}t^2} + 2\frac{\mathrm{d}x}{\mathrm{d}t} + 25x = \sin(at+b)t$$

此处相当于扫描频率为 $\omega = at + b$，其中 a 为频率扫描速度，b 为模型的扫描初始频率。当扫描频率 ω 与时间 t 呈线性关系时，此种扫描称为线性扫描，否则称为非线性扫描。

在本实例中，主要使用了常数元件、时钟元件以及函数模块，三者构成变频激励的主要环节，在函数模块中直接写入代码 $\sin((u(1)+u(2))*u(3))$。本模型中取 $a=0.035$，$b=1$，图 4-5 表示了单自由度系统在线性变频扫描激励下的响应。

由仿真结果可以看到，在激振力的频率由低变高的过程中，系统的位移响应的包络线出现一段凸起区域，这是由于激振力的频率接近共振频率。在振动试验中可以通过频率扫描的方式来估算系统的固有频率。

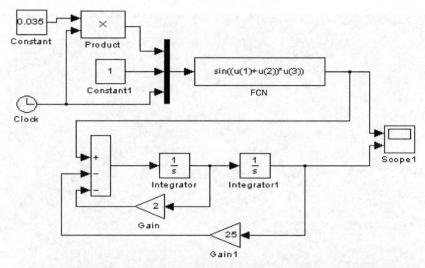

a) 单自由度系统在线性变频扫描激励下的仿真框图

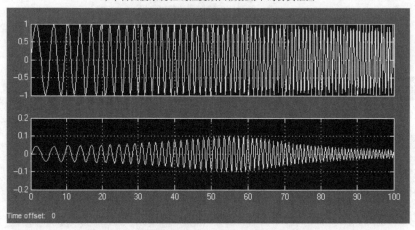

b) 单自由度系统在线性变频扫描激励下的仿真结果

图 4-5

设计实例33 动力吸振器系统仿真

一、基本知识

动力吸振器的基本原理是在原主系统的基础上添加一个附加子系统，主系统与附加子系统构成串联形式，附加子系统的物理参数可以根据主系统的外部激振力的频率进行设计，只要设计合理，就可以将主系统的振动能量转移到子系统，从而达到减振的目的。动力吸振器结构简单，因此在工程中得到广泛应用，单式动力吸振器的力学模型可描述为两个弹簧－质量振动系统，不难得到其动力学方程（可参考《Matlab Simulink 动力学系统建模与仿真》一书）。

二、仿真实例

设主系统的质量为 m_1，刚度系数为 k_1，位移为 x_1；附加子系统的质量为 m_2，刚度系数为 k_2，位移为 x_2，设主系统的干扰力为 $F_1(t)$，可得动力学方程为

$$m_1\ddot{x}_1 + (k_1 + k_2)x_1 - k_2x_2 - c_2\dot{x}_2 = F_1(t)$$
$$m_2\ddot{x}_2 + k_2(x_2 - x_1) + c_2\dot{x}_2 = 0$$

写成矩阵形式 $M\ddot{X} + C\dot{X} + KX = F(t)$，其中

$$M = \begin{pmatrix} m_1 & 0 \\ 0 & m_2 \end{pmatrix}, \quad C = \begin{pmatrix} c_2 & -c_2 \\ c_2 & c_2 \end{pmatrix}, \quad K = \begin{pmatrix} k_1 + k_2 & -k_2 \\ -k_2 & k_2 \end{pmatrix}, \quad F = \begin{pmatrix} F_1(t) \\ 0 \end{pmatrix}$$

对上式进行拉普拉斯变换，并假定 $X(0) = \mathbf{0}, \dot{X}(0) = \mathbf{0}$，则

$$(Ms^2 + Cs + K)X(s) = F(s)$$
$$B = Ms^2 + Cs + K$$

则得系统的传递函数为

$$\begin{pmatrix} H_{11} & H_{12} \\ H_{21} & H_{22} \end{pmatrix} = B^{-1}(s) = \frac{\text{adj}(B(s))}{\det(b(s))}$$

现在仅分析主系统的传递函数：

$$H_{11} = \frac{X_1(s)}{f_1(s)} = \frac{m_2s^2 + c_2s + k_2}{(m_1s^2 + c_2s + k_1 + k_2)(m_2s^2 + c_2s + k_2) - (c_2s + k_2)^2}$$

在此实例中，设 $m_1 = 10$（kg），$k_1 = 10$（N/m），由以上理论，根据系统的频率响应函数得到了子系统的阻尼，分别取 0、0.12、0.24、0.38、0.48 和 0.60 情况下的仿真结果，从图 4-6 可以看出，当外部激励频率等于附加子系统的固有频率 $\omega = 1$ 时，将出现吸振效果。

脚本文件如下：

```
clc;
m1 = 10;k1 = 10;% 主系统参数
u = 1/20;% 质量比和刚度比
m2 = u * m1;k2 = u * k1;% 子系统参数
c1 = 0,0;% 主系统阻尼系数
p1 = sqrt(k1/m1); % 主系统的固有频率
for i = 0:1:5;%  循环绘制子系统在不同阻尼系数下的频率响应特性曲线
c2 = 0.12 * i;% 子系统阻尼系数
h1 = conv([m1,c2,k1 + k2],[m2,c2,k2]);          %  多项式相乘
h2 = [0,0,conv([c2,k2],[c2,k2])];               %  多项式相乘
den = h1 - h2;                                  %  主系统传递函数分母
num = [m2,c2,k2];                               %  主系统传递函数分子
w = 0.5:0.01:0.5 * pi;                          %  频率范围
gw = polyval(num,j * w)./polyval(den,j * w);    %  主系统频率响应特性
mag = abs(gw);                                  %  主系频率响应特性大小幅频曲线
plot(w/p1,mag),hold on,grid on                  %  绘制多条曲线
end;                                            %  循环体结束
axis([0.5,1.5,0,6])                             %  坐标范围
```

legend('c1 = 0. 60','c2 = 0. 48','c3 = 0. 36','c4 = 0. 24','c5 = 0. 12','c6 = 0. 00')% 标签
text(0. 98,0. 2,'c1');text(0. 98,0. 6,'c2');text(0. 96,1. 2,'c3');
text(1,1. 5,'c4');text(1,2,'c5');text(1,2. 5,'c6')

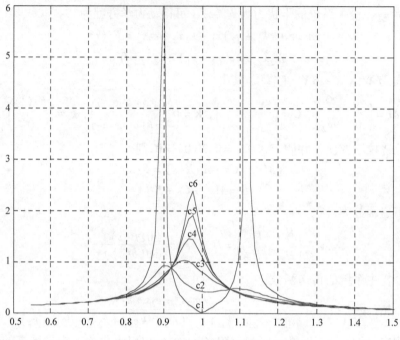

图 4-6　动力吸振器频率响应曲线

设计实例 34　基于传递函数模型单自由度系统幅频和相频特性曲线

（使用 M 脚本文件进行单自由度系统频域仿真 1）

一、基本知识

线性系统模型可以用微分方程模型描述，也可以用系统的传递函数描述，利用系统的传递函数进行仿真比用微分方程模型更为方便。

二、仿真实例

设某系统的传递函数为 $H(s) = \dfrac{1}{s^2 + 0.5s + 1}$，只要将传递函数中的 s 用 $j\omega$ 替换后，就可得到系统的频率响应函数。

在编写脚本文件时，利用语句

$$Gw = polyval(num,j*w)./polyval(den,j*w);$$

得到了系统的传递函数。脚本文件如下：

```
num = [1];                    % 传递函数的分子多项式系数
den = [1,0.5,1];              % 传递函数的分母多项式系数
w = 0.05:0.001:0.5 * pi;      % 频率分辨率和频率范围
```

```
Gw = polyval( num,j * w)./polyval( den,j * w);        % 频率响应
mag = abs( Gw)
theta = angle( Gw) * 180/pi;
subplot(2,1,1),plot( w,mag)
grid,title('频率特性')
ylabel('|G|')
subplot(2,1,2),plot( w,theta)
grid,title('相频特性')
xlabel('\omega( rad/s)')
ylabel('dgr')
```

程序运行结果如图4-7所示。

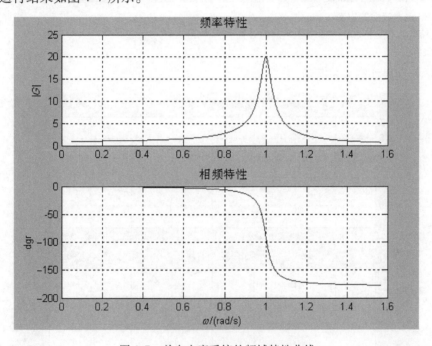

图4-7 单自由度系统的频域特性曲线

设计实例 35   实频特性曲线和虚频特性曲线

（使用 M 脚本文件进行单自由度系统频域仿真 2 ）

一、基本知识

同设计实例 34。

二、仿真实例

同设计实例 34，要求仿真获得系统的实频特性曲线和虚频特性曲线（即系统的频域响应的实部与虚部）。

脚本文件如下:

```
num = [1];                              % 传递函数的分子多项式系数
den = [1,0.5,1];                        % 传递函数的分母多项式系数
w = 0.05:0.001:0.5 * pi;                % 频率分辨率和频率范围
Gw = polyval(num,j * w)./polyval(den,j * w);   % 频率响应
mag = real(Gw)                          % 计算频率响应的实部
theta = imag(Gw);                       % 计算频率响应的虚部
subplot(2,1,1),plot(w,mag)
grid,title('频率特性的实部')
ylabel('G')
subplot(2,1,2),plot(w,theta)
grid,title('频率特性的虚部')
xlabel('\omega(rad/s)')
ylabel('G')
```

程序运行结果如图 4-8 所示。

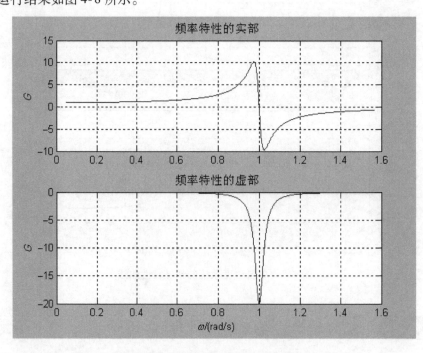

图 4-8   单自由度系统的实频特性曲线和虚频特性曲线

设计实例 36   状态空间仿真模型

一、基本知识

状态空间模型是描述动力学问题的另一种模型，将力学问题用状态空间来描述具有很多方便之处。

在描述多自由度系统振动时，如果有多个输入和多个输出的情况，则对应的状态空间方程的一般形式为

$$\begin{cases} \dot{X} = AX + Bu(t) \\ Y = CX + Du(t) \end{cases}$$

其中，A、B、C、D 分别称为系统的状态矩阵、输入矩阵、输出矩阵和直接传递矩阵，X、u 和 Y 分别称为系统的状态向量、输入向量和输出向量。这种情况的仿真框图如图 4-9 所示。

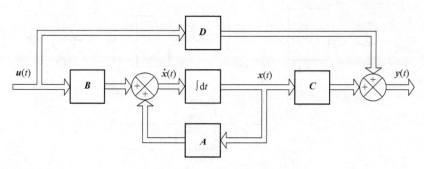

图 4-9　状态空间仿真模型

二、仿真实例

仿真实例 1　单自由度系统的状态空间模型

设单自由度系统的动力学方程为

$$m \frac{\mathrm{d}^2 y(t)}{\mathrm{d}t^2} + c \frac{\mathrm{d}y(t)}{\mathrm{d}t} + k y(t) = u(t)$$

其中，$y(t)$ 是系统的位移，k 和 c 分别为常数。该数学模型为二阶微分方程，可采用如下方法化为状态空间模型，设状态变量取为 $x_1 = y$ 和 $x_2 = \mathrm{d}y/\mathrm{d}t$，从而得到两个标量方程

$$x_1(t) = y(t) ; \ x_2(t) = \dot{x}_1(t) = \dot{y}(t)$$

对上述两式求导，可得

$$\dot{x}_1(t) = x_2(t) ; \dot{x}_2(t) = \ddot{y}(t) = \frac{1}{m}\big[u(t) - cx_2(t) - kx_1(t) \big]$$

写成矩阵形式

$$\begin{pmatrix} \dot{x}_1(t) \\ \dot{x}_2(t) \end{pmatrix} = \begin{pmatrix} 0 & 1 \\ -\dfrac{k}{m} & -\dfrac{c}{m} \end{pmatrix} \begin{pmatrix} x_1(t) \\ x_2(t) \end{pmatrix} + \begin{pmatrix} 0 \\ \dfrac{1}{m} \end{pmatrix} u(t)$$

则可以得到系统的标准状态方程

$$\begin{cases} \dfrac{\mathrm{d}X}{\mathrm{d}t} = AX + BU \\ Y = CX + DU \end{cases}$$

其中，A 为状态矩阵，B 为输入矩阵，C 为输出矩阵，D 为直传矩阵，则有

$$A = \begin{pmatrix} 0 & 1 \\ -\dfrac{k}{m} & -\dfrac{c}{m} \end{pmatrix} ; \ B = \begin{pmatrix} 0 \\ \dfrac{1}{m} \end{pmatrix} ; \ C = (1 \ \ 0) ; \ D = 0$$

将状态方程中的两个标量方程中的第二个方程两边取拉普拉斯变换，即

$$sX_2(s) = \frac{1}{m}\left[u(s) - cX_2(s) - kX_1(s)\right]$$

得

$$X_2(s) = \frac{u(s)}{m}\bigg/\left(s + \frac{c}{m}\right) - \frac{kX_1(s)}{m}\bigg/\left(s + \frac{c}{m}\right)$$

可得到对应于 s 域的系统仿真框图如图 4-10 所示。

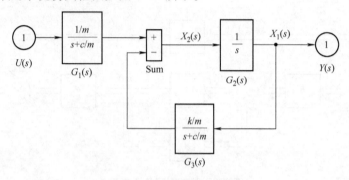

图 4-10　单自由度系统仿真框图

仿真实例 2

设系统的微分方程模型为

$$\dddot{y} + 7\ddot{y} + 14\dot{y} + 8y = 3u$$

搭建状态空间仿真模型，具体步骤为：

（1）选择状态变量：　　　$x_1 = y,\ x_2 = \dot{y},\ x_3 = \ddot{y}$

（2）进一步得到 $\dot{x}_3 = \dddot{y} = -7\ddot{y} - 14\dot{y} - 8y + 3u = -7x_3 - 14x_2 - 8x_1 + 3u$

（3）写成矩阵形式（得到状态方程）为

$$\begin{pmatrix}\dot{x}_1\\\dot{x}_2\\\dot{x}_3\end{pmatrix} = \begin{pmatrix}0 & 1 & 0\\0 & 0 & 1\\-8 & -14 & -7\end{pmatrix}\begin{pmatrix}x_1\\x_2\\x_3\end{pmatrix} + \begin{pmatrix}0\\0\\3\end{pmatrix}u$$

由于原微分方程只有一个输出 $y(t)$ 和一个激励 $u(t)$，则该系统为单输入单输出系统，其输出方程为

$$y = \begin{pmatrix}1 & 0 & 0\end{pmatrix}\begin{pmatrix}x_1\\x_2\\x_3\end{pmatrix}$$

可建立仿真模型如图 4-11a 所示，仿真结果如图 4-11b 所示，如果改变输出矩阵 $\boldsymbol{C} = \begin{pmatrix}1 & 0 & 0\\0 & 1 & 0\\0 & 0 & 1\end{pmatrix}$，可得到各个状态变量随时间的变化规律如图 4-11c 所示。

其中的示波器 Scope1 是为了监视状态变量。

此处可以看到，对于同一个状态空间的一次模型，可以建立不同的仿真模型。

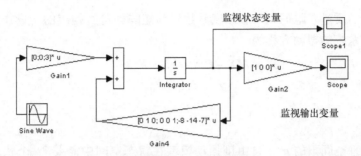

a) 状态空间模型的仿真框图

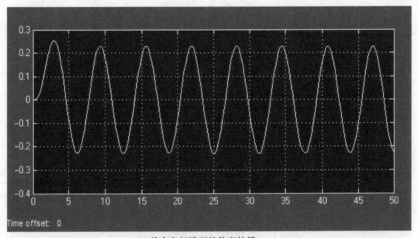

b) 状态空间模型的仿真结果

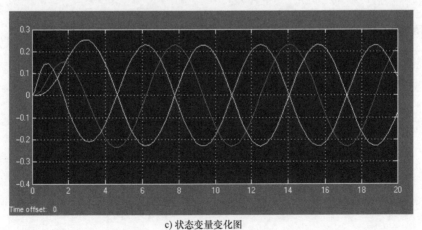

c) 状态变量变化图

图 4-11

设计实例 37 多自由度振动系统状态空间模型仿真

一、基本知识

设计实例 36 中给出了单自由度振动系统的状态空间模型，对于多自由度系统，可根据

单自由度系统中的质量、阻尼系数和刚度系数视为矩阵即可，相应的变量作为向量来处理。设有 n 个自由度系统的振动方程为

$$M\ddot{X} + C\dot{X} + KX = F(t) \tag{1}$$

选择状态变量为

$$y_1 = x, \ y_2 = \dot{y}_1$$

即状态变量为

$$Y = \begin{pmatrix} y_1 \\ y_2 \end{pmatrix}_{2n \times 1}$$

注意到，物理空间下的 n 个自由度振动模型在状态空间中需要 $2n$ 个状态变量来描述，根据给定的状态变量，可以表示成

$$\begin{pmatrix} \dot{y}_1 \\ \dot{y}_2 \end{pmatrix} = \begin{pmatrix} 0 & I \\ -M^{-1}K & -M^{-1}C \end{pmatrix} \begin{pmatrix} y_1 \\ y_2 \end{pmatrix} + \begin{pmatrix} 0 \\ M^{-1} \end{pmatrix} F(t) \tag{2}$$

状态方程和输出方程形式为

$$\dot{Y} = AY + Bu(t)$$

$$Z = CY + Du(t)$$

其中，

$$A = \begin{pmatrix} 0 & I \\ -M^{-1}K & -M^{-1}C \end{pmatrix}_{2n \times 2n}$$

$$B = \begin{pmatrix} 0 \\ M^{-1} \end{pmatrix}, u(t) = F(t)$$

二、仿真实例

设系统的质量矩阵、阻尼矩阵和刚度矩阵分别为

$$M = I_3, \ C = 4 \begin{pmatrix} 2 & -1 & 0 \\ -1 & 2 & -1 \\ 0 & -1 & 1 \end{pmatrix}, \ K = 3 \begin{pmatrix} 2 & -1 & 0 \\ -1 & 2 & -1 \\ 0 & -1 & 1 \end{pmatrix}$$

$$F(t) = \begin{pmatrix} \sin(t) \\ 0 \\ 0 \end{pmatrix}$$

在以下实例中，首先利用脚本文件自动生成状态空间模型的各个矩阵，生成矩阵 A 和矩阵 B 的代码如下：

A = [zrose(3),eye(3);inv(M) * K, - inv(M) * C];
B = [zeroes(3);inv(M)];
C = cat[2,eye(3),zeros(3)];

建立的仿真框图及仿真结果分别如图 4-12a、b 所示。

也可以直接将 A, B, C, D 矩阵输入到状态空间的参数设置中。

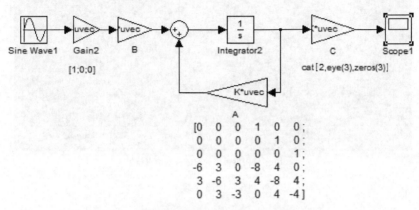

a) 多自由度振动系统状态空间模型仿真框图

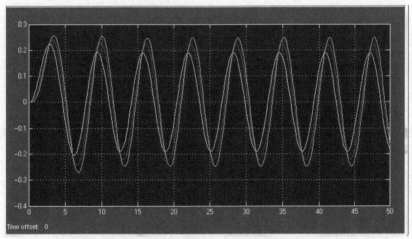

b) 多自由度振动系统状态空间模型仿真结果

图 4-12

以下采用多自由度系统的积分模型进行仿真。仿真框图及仿真结果如图 4-13a、b 所示。

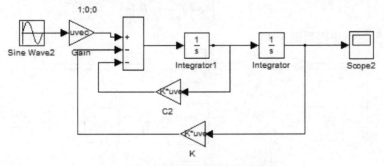

a) 多自由度系统的积分模型仿真框图

图 4-13

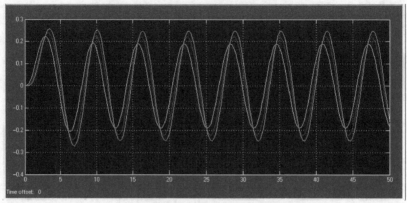

b) 多自由度系统的积分模型仿真结果

图 4-13（续）

设计实例 38 零阶保持器下的状态相似离散化模型

一、基本知识

设系统的状态方程为

$$\begin{cases} \dot{x} = Ax + Bu \\ y = Cx \end{cases} \tag{1}$$

系统的状态转移矩阵为（参考《Matlab/Simulink 动力学系统建模与仿真》第 6 章）

$$G(t) = L^{-1}\left[(sI - A)^{-1} \right] = e^{At} \tag{2}$$

进一步可以得到连续系统状态方程的通解：

$$x(t) = e^{At}x(0) + \int_0^t e^{A(t-\tau)}Bu(\tau)\,d\tau \tag{3}$$

将方程的通解使用零阶保持器进行离散，可得到离散系统的递推公式为

$$x[(k+1)T] = G(T)x(kT) + H(T)u(kT), k = 0,1,2,\cdots \tag{4}$$

$$y[(k)T] = C(T)x(kT) + D(T)u(kT), k = 0,1,2,\cdots \tag{5}$$

其中，

$$H(T) = \int_0^T \varphi(T - \tau)B\,d\tau] \tag{6}$$

应用单位延迟模块得到图 4-14。

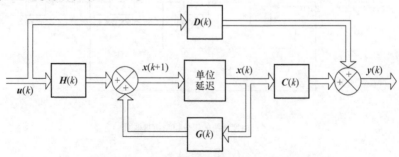

图 4-14 单位延迟离散系统仿真框图

二、仿真实例

设某个动态系统的状态空间模型为

$$\dot{x} = \begin{pmatrix} 0 & 1 \\ 0 & -2 \end{pmatrix} x + \begin{pmatrix} 0 \\ 1 \end{pmatrix} u$$

求零阶保持器下的离散化方程并和连续系统仿真结果比较。

解：计算转移矩阵

$$(SI - A)^{-1} = \begin{pmatrix} s & -1 \\ 0 & s+2 \end{pmatrix}^{-1} = \frac{1}{s(s+2)} \begin{pmatrix} s+2 & 1 \\ 0 & s \end{pmatrix} = \begin{pmatrix} \dfrac{1}{s} & \dfrac{1}{s(s+2)} \\ 0 & \dfrac{1}{s+2} \end{pmatrix}$$

$$G(T) = \begin{pmatrix} 1 & (1-e^{-2T})/2 \\ 0 & e^{-2T} \end{pmatrix}$$

$$H(T) = \int_0^T \varphi(\tau) B \mathrm{d}\tau = \int_0^T \begin{pmatrix} 1 & (1-e^{-2(T-\tau)})/2 \\ 0 & e^{-2(T-\tau)} \end{pmatrix} \begin{pmatrix} 0 \\ 1 \end{pmatrix} \mathrm{d}\tau$$

$$= \int_0^T \begin{pmatrix} (1-e^{-2(T-\tau)}/2 \\ e^{-2(T-\tau)} \end{pmatrix} \mathrm{d}\tau = \begin{pmatrix} \dfrac{T}{2} + \dfrac{1}{4}(e^{-2T}-1) \\ \dfrac{1}{2}(1-e^{-2T}) \end{pmatrix} = \begin{pmatrix} \dfrac{1}{4}(2T+e^{-2T}-1) \\ \dfrac{1}{2}(1-e^{-2T}) \end{pmatrix}$$

值得注意的是，$H(T)$ 的积分也可以采用以下形式：

$$H(T) = \int_0^T \varphi(\tau) B \mathrm{d}\tau = \int_0^T \begin{pmatrix} (1-e^{2\tau})/2 \\ e^{-2\tau} \end{pmatrix} \mathrm{d}\tau$$

$$= \begin{pmatrix} \dfrac{1}{4}(2T+e^{-2T}-1) \\ \dfrac{1}{2}(1-e^{-2T}) \end{pmatrix}$$

离散后系统解的递推公式为

$$\begin{pmatrix} x_1[(k+1)T] \\ x_2[(k+1)T] \end{pmatrix} = G(T) \begin{pmatrix} x_1(kT) \\ x_2(kT) \end{pmatrix} + H(T) u(kT)$$

当 T 选定后，可以借助于 Matlab 命令计算 $\varphi(T)$ 和 $H(T)$ 矩阵，例如当 $T=0.5\mathrm{s}$ 时，$\varphi(T)$ 和 $H(T)$ 的计算为

```
clc;
T = 0.5;              % 采样步长
t = sym('t');         % 定义符号函数
A = [0,1;0,-2];       % 状态矩阵
G = expm(A * t)       % 求解转移矩阵
t = T;
G1 = expm(A * t)      % 求解转移矩阵
B = [0;1];            % 定义输入矩阵
fxt = G * B           % 定义表达式
```

```
% fxt = [ ( 1 - exp( - 2 * T + 2 * t ) )/2 ; exp( - 2 * T + 2 * t ) ] ;     % 定义表达式
[ H ] = int( fxt,'t',0,T )                                                  % 积分区间( 0,T )
H1 = subs( H,'T',T )                                                        % 替换函数
```

即 $\boldsymbol{G}(T) = \begin{pmatrix} 1 & 0.3161 \\ 0 & 0.3679 \end{pmatrix}$, $\boldsymbol{H}(T) = \begin{pmatrix} 0.0920 \\ 0.3161 \end{pmatrix}$

图 4-15a 所示是建立的仿真模型，仿真结果如图 4-15b 所示。

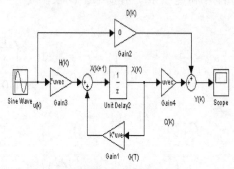

a) 单位延迟离散系统仿真框图

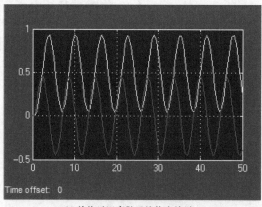

b) 单位延迟离散系统仿真结果

图 4-15

设计实例39 线性时变系统的状态空间仿真模型

一、基本知识

如果线性系统的状态空间模型矩阵显含了时间，则构成线性时变系统，设线性时变系统状态空间方程为

$$\dot{\boldsymbol{X}}(t) = \boldsymbol{A}(t)\boldsymbol{X} + \boldsymbol{B}(t)\boldsymbol{U}$$
$$\dot{\boldsymbol{Y}}(t) = \boldsymbol{C}(t)\boldsymbol{X} + \boldsymbol{D}(t)\boldsymbol{U} \tag{1}$$

其中，$\boldsymbol{A}(t)$、$\boldsymbol{B}(t)$、$\boldsymbol{C}(t)$、$\boldsymbol{D}(t)$ 为时间 t 的连续函数，状态方程的齐次解为

$$\boldsymbol{X}(t) = \mathrm{e}^{\int_{t_0}^{t} \boldsymbol{A}(\tau)\mathrm{d}\tau} \boldsymbol{X}(0) = \boldsymbol{\varphi}(t,t_0)\boldsymbol{X}(0)$$

全解为

$$X(t) = \boldsymbol{\varphi}(t,t_0)X(0) + \int_{t_0}^{t} \boldsymbol{\varphi}(t,\tau)\boldsymbol{B}(\tau)\boldsymbol{u}(\tau)\mathrm{d}\tau \tag{2}$$

线性时变系统状态方程离散化方法（参考《Matlab/Simulink 动力学系统建模与仿真》），可以得到离散化模型，简写为

$$\boldsymbol{x}(kT+T) = \boldsymbol{G}(kT)\boldsymbol{x}(kT) + \boldsymbol{H}(kT)\boldsymbol{u}(kT) \text{（离散化状态方程）} \tag{3}$$

$$\boldsymbol{y}(kT) = \boldsymbol{C}(kT)\boldsymbol{x}(kT) + \boldsymbol{D}(kT)\boldsymbol{u}(kT) \text{（离散化输出方程）} \tag{4}$$

其中，

$$\boldsymbol{G}(kT) = \boldsymbol{\varphi}(kT+T,kT) \tag{5}$$

$$\boldsymbol{H}(kT) = \int_{kT}^{kT+T} \boldsymbol{\varphi}(kT+T,\tau)\boldsymbol{B}(\tau)\mathrm{d}\tau \tag{6}$$

注意，离散后 $\boldsymbol{C}$ 与 $\boldsymbol{D}$ 不改变。

近似离散化，式（5）和式（6）有时候不方便直接计算，但是当采样周期较小时，可以采用近似离散化方法，这种方法的基本思想是用差商代替微商，即

$$t = kT, \quad \dot{\boldsymbol{x}}(t) = \lim_{\Delta t \to 0} \frac{\boldsymbol{x}(t+\Delta t) - \boldsymbol{x}(t)}{\Delta t}$$

用 T 代替 Δt，得 $[kT,(k+1)T]$ 区间的导数

$$\dot{\boldsymbol{x}}(t) = \lim_{T \to 0} \frac{\boldsymbol{x}[(k+1)T] - \boldsymbol{x}(kT)}{T}$$

将此结果代入式（1）可得

$$\dot{\boldsymbol{x}}(kT) = \frac{\boldsymbol{x}[(k+1)T] - x(kT)}{T} = \boldsymbol{A}(kT)\boldsymbol{x}(kT) + \boldsymbol{B}(kT)\boldsymbol{u}(kT) \tag{7}$$

将式（7）改写为

$$\boldsymbol{x}[(k+1)T] = [\boldsymbol{I} + T\boldsymbol{A}(kT)]\boldsymbol{x}(kT) + T\boldsymbol{B}(kT)\boldsymbol{u}(kT) \tag{8}$$

递推公式简写为

$$\boldsymbol{x}[(k+1)T] = \boldsymbol{G}^*(kT)\boldsymbol{x}(kT) + \boldsymbol{H}^*(kT)\boldsymbol{u}(kT) \tag{9}$$

其中，

$$\boldsymbol{G}^*(kT) = \boldsymbol{I} + T\boldsymbol{A}(kT), \boldsymbol{H}^*(kT) = T\boldsymbol{B}(kT)$$

二、仿真实例

设时变系统：

$$\dot{\boldsymbol{x}} = \begin{pmatrix} 0 & 5(1-\mathrm{e}^{-5t}) \\ 0 & 5(\mathrm{e}^{-5t}-1) \end{pmatrix}\boldsymbol{x} + \begin{pmatrix} 5 & 5\mathrm{e}^{-5t} \\ 0 & 5(1-\mathrm{e}^{-5t}) \end{pmatrix}\boldsymbol{u}$$

输入和初始条件分别为 $\boldsymbol{u}(t) = \begin{pmatrix} 0 \\ 1 \end{pmatrix}$，$\boldsymbol{x}(0) = \begin{pmatrix} 0 \\ 0 \end{pmatrix}$，试将它离散化，并求出方程在采样时刻的解。

使用近似离散化方法，根据式（9），这里取 $T = 0.2\mathrm{s}$，则 $t = kT = 0.2k$，则有

$$\boldsymbol{G}^*(kT) = \boldsymbol{I} + T\boldsymbol{A}(kT) = \begin{pmatrix} 1 & 0 \\ 0 & 1 \end{pmatrix} + 0.2\begin{pmatrix} 0 & 5(1-\mathrm{e}^{-k}) \\ 0 & 5(\mathrm{e}^{-k}-1) \end{pmatrix} = \begin{pmatrix} 1 & 1-\mathrm{e}^{-k} \\ 0 & \mathrm{e}^{-k} \end{pmatrix}$$

$$\boldsymbol{H}^*(kT) = TB(kT) = 0.2\begin{pmatrix} 5 & 5\mathrm{e}^{-k} \\ 0 & 5(1-\mathrm{e}^{-k}) \end{pmatrix} = \begin{pmatrix} 1 & \mathrm{e}^{-k} \\ 0 & 1-\mathrm{e}^{-k} \end{pmatrix}$$

则递推公式为

$$\boldsymbol{x}\big[(k+1)T\big] = \boldsymbol{G}^*(kT)\boldsymbol{x}(kT) + \boldsymbol{H}^*(kT)\boldsymbol{u}(kT)$$

得到离散化方程为

$$\begin{pmatrix} x_1\big[(k+1)T\big] \\ x_2\big[(k+1)T\big] \end{pmatrix} = \begin{pmatrix} 1 & 1-\mathrm{e}^{-k} \\ 0 & \mathrm{e}^{-k} \end{pmatrix}\begin{pmatrix} x_1(kT) \\ x_2(kT) \end{pmatrix} + \begin{pmatrix} 1 & \mathrm{e}^{-k} \\ 0 & 1-\mathrm{e}^{-k} \end{pmatrix}\begin{pmatrix} u_1(kT) \\ u_2(kT) \end{pmatrix}$$

设采样 $T = 0.2\mathrm{s}$，取 $k = 0,\ 1,\ 2,\ \cdots$，并代入输入函数和初始条件可得近似解：

$$\begin{pmatrix} x_1(0.2) \\ x_2(0.2) \end{pmatrix} = \begin{pmatrix} 1 & 0 \\ 0 & 1 \end{pmatrix}\begin{pmatrix} 0 \\ 0 \end{pmatrix} + \begin{pmatrix} 1 & 1 \\ 0 & 0 \end{pmatrix}\begin{pmatrix} 0 \\ 1 \end{pmatrix} = \begin{pmatrix} 1 \\ 0 \end{pmatrix}$$

$$\begin{pmatrix} x_1(0.4) \\ x_2(0.4) \end{pmatrix} = \begin{pmatrix} 1 & 0.63 \\ 0 & 0.37 \end{pmatrix}\begin{pmatrix} 1 \\ 0 \end{pmatrix} + \begin{pmatrix} 1 & 0.37 \\ 0 & 0.63 \end{pmatrix}\begin{pmatrix} 0 \\ 1 \end{pmatrix} = \begin{pmatrix} 1.37 \\ 0.63 \end{pmatrix}$$

$$\begin{pmatrix} x_1(0.6) \\ x_2(0.6) \end{pmatrix} = \begin{pmatrix} 1 & 0.865 \\ 0 & 0.135 \end{pmatrix}\begin{pmatrix} 1.37 \\ 0.63 \end{pmatrix} + \begin{pmatrix} 1 & 0.135 \\ 0 & 0.865 \end{pmatrix}\begin{pmatrix} 0 \\ 1 \end{pmatrix} = \begin{pmatrix} 2.05 \\ 0.95 \end{pmatrix}$$

这样可以一直递推下去，当然也可以借助于离散系统的仿真方法得到在采样点处的解。和前面不同的是，状态矩阵是与时间离散点 k 有关的，在建立时变系统的 Simulink 仿真模型时要比非时变系统更复杂一些，对应的连续系统的仿真框图如图 4-16 所示。

子系统（Subsystem）如图 4-16b 所示。对应的仿真结果如图 4-17 所示。

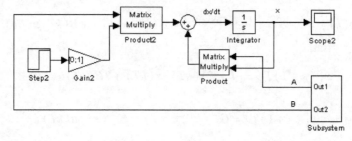

a) 系统仿真图

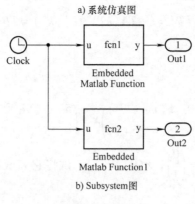

b) Subsystem图

图　4-16

％fcn1 函数模块中的代码：

```
Function y = fcn1(u)
```

$[y]=[0\ 5*(1-\exp(-5*u));0\ -5*(1-\exp(-5*u))]$；% 得到矩阵 A

% fcn2 函数模块中的代码：

Function y = fcn2 (u)

$[y]=[5\quad 5*\exp(-5*u);0\quad 5*(1-\exp(-5*u))]$；% 得到矩阵 B

注意在求解器中的参数设置为

max step　size　0.2

Min step　size　0.1

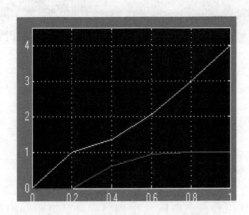

图 4-17　Subsystem 的仿真结果

也可以使用单位延迟模块来针对递推公式建立仿真模型如图 4-18 所示，其中的子系统 Subsystem1 中的函数需要改写成如下形式。

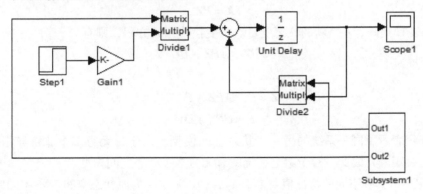

图 4-18　用单位延迟模仿真图

系统输出图如图 4-19 所示。

$$Function\ y = fcn1(u)$$
$$[y]=[1\ 1-\exp(-u);0\quad \exp(-u)];$$
$$Function\ y = fcn2(u)$$
$$[y]=[1\ \exp(-u);0\quad 1-\exp(-u)];$$

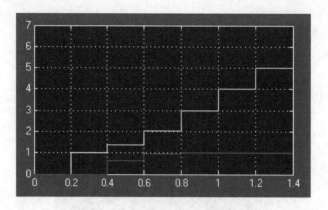

图 4-19　系统输出图

设计实例 40　状态空间模型的相似变换

一、基本知识

　　状态空间模型可以是从一种状态空间模型到另一种状态空间模型的变换。这种变换称为相似变换，设状态空间模型为

$$\begin{cases} \dot{X} = AX + BU \\ Y = CX + DU \end{cases}$$

可借助变换

$$X = PZ$$

其中，P 为变换矩阵，Z 是新的状态变量。将变换代入原方程，则有

$$P\dot{Z} = APZ + BU$$

可得

$$\dot{Z} = P^{-1}APZ + P^{-1}BU$$

$$Y = CPZ + DU$$

这组新的方程表示了同一系统的另一个状态空间模型。由于有无穷多个非奇异矩阵 P 可以用来作为变换矩阵，因此，对于给定系统就有无穷多个状态空间模型。

　　状态矩阵 A 具有不同的特征值（λ_1，λ_2，$\cdots$，λ_n，n 为原状态空间矩阵 A 的维数），设原状态空间矩阵 A 为

$$A = \begin{pmatrix} 0 & 1 & 0 & 0 & \cdots & 0 \\ 0 & 0 & 1 & 0 & \cdots & 0 \\ 0 & 0 & 0 & 1 & \cdots & 0 \\ \vdots & \vdots & \vdots & \vdots & & \vdots \\ -a_n & -a_{n-1} & -a_{n-2} & -a_{n-3} & \cdots & -a_1 \end{pmatrix}$$

构造变换矩阵为

$$P = \begin{pmatrix} 1 & 1 & 1 & \cdots & 1 \\ \lambda_1 & \lambda_2 & \lambda_3 & \cdots & \lambda_n \\ \lambda_1^2 & \lambda_2^2 & \lambda_3^2 & \cdots & \lambda_n^2 \\ \vdots & \vdots & \vdots & & \vdots \\ \lambda_1^{n-1} & \lambda_2^{n-1} & \lambda_3^{n-1} & \cdots & \lambda_n^{n-1} \end{pmatrix}$$

则有

$$P^{-1}AP = \text{diag} \begin{pmatrix} \lambda_1 & \lambda_2 & \cdots & \lambda_n \end{pmatrix}$$

二、仿真实例

设某系统的状态空间模型为

$$\begin{pmatrix} \dot{x}_1 \\ \dot{x}_2 \\ \dot{x}_3 \end{pmatrix} = \begin{pmatrix} 0 & 1 & 0 \\ 0 & 0 & 1 \\ -6 & -11 & -6 \end{pmatrix} \begin{pmatrix} x_1 \\ x_2 \\ x_3 \end{pmatrix} + \begin{pmatrix} 0 \\ 0 \\ 6 \end{pmatrix} u$$

$$y = \begin{pmatrix} 1 & 0 & 0 \end{pmatrix} \begin{pmatrix} x_1 \\ x_2 \\ x_3 \end{pmatrix}$$

利用求特征值与特征向量的方法，可以得到特征值为

$$\lambda_1 = -1, \ \lambda_2 = -2, \ \lambda_3 = -3$$

定义一组新的状态变量 z_1、z_2、z_3，令 $X = PZ$，其中的变换矩阵 P 为

$$P = \begin{pmatrix} 1 & 1 & 1 \\ \lambda_1 & \lambda_2 & \lambda_3 \\ \lambda_1^2 & \lambda_2^2 & \lambda_3^2 \end{pmatrix} = \begin{pmatrix} 1 & 1 & 1 \\ -1 & -2 & -3 \\ 1 & 4 & 9 \end{pmatrix}$$

则有

$$P\dot{Z} = APZ + Bu$$

或

$$\dot{Z} = P^{-1}APZ + P^{-1}Bu$$

化简后为

$$\begin{pmatrix} \dot{z}_1 \\ \dot{z}_2 \\ \dot{z}_3 \end{pmatrix} = \begin{pmatrix} -1 & 0 & 0 \\ 0 & -2 & 0 \\ 0 & 0 & -3 \end{pmatrix} \begin{pmatrix} z_1 \\ z_2 \\ z_3 \end{pmatrix} + \begin{pmatrix} 3 \\ -6 \\ 3 \end{pmatrix} u$$

输出方程为

$$y = \begin{pmatrix} 1 & 0 & 0 \end{pmatrix} \begin{pmatrix} 1 & 1 & 1 \\ -1 & -2 & -3 \\ 1 & 4 & 9 \end{pmatrix} \begin{pmatrix} z_1 \\ z_2 \\ z_3 \end{pmatrix} = \begin{pmatrix} 1 & 1 & 1 \end{pmatrix} \begin{pmatrix} z_1 \\ z_2 \\ z_3 \end{pmatrix}$$

相似系统和原系统模型的仿真框图和仿真结果分别如图 4-20 和图 4-21 所示。

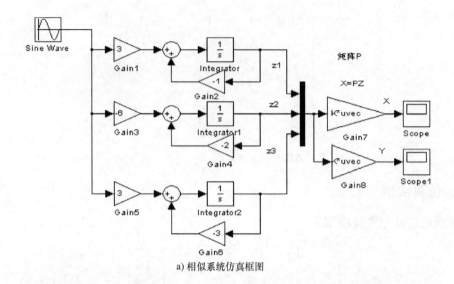

a) 相似系统仿真框图

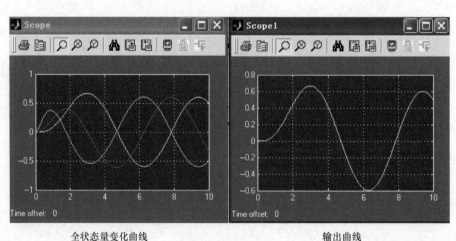

全状态量变化曲线   输出曲线

b) 相似系统仿真结果图

图　4-20

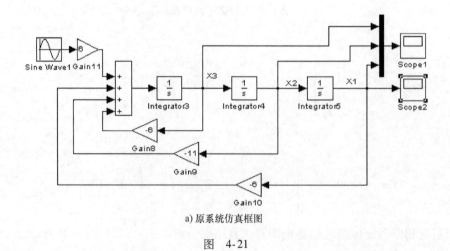

a) 原系统仿真框图

图　4-21

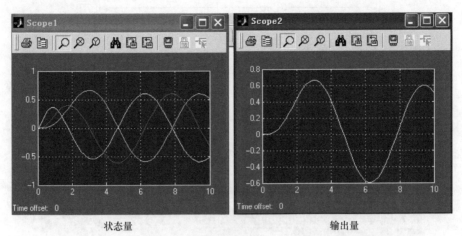

状态量　　　　　　　　　　　　　　　　　输出量

b) 原系统仿真结果图

图　4-21（续）

设计实例 41　动态系统传递函数模型仿真

一、基本知识

传递函数模型是动态系统的另一种数学模型。

利用 Simulink 中的传递函数模块，可以非常方便地处理动态系统的响应问题。

设单自由度弹簧 - 质量系统的动力学方程为

$$m\ddot{y} + c\dot{y} + ky = f(t)$$

对上式两端取拉普拉斯变换，假设 y 的各阶导数的初值均为零，则得

$$ms^2 Y(s) + csY(s) + kY(s) = F(s)$$

传递函数定义为

$$H(s) = \frac{Y(s)}{F(s)} = \frac{1}{ms^2 + cs + k}$$

二、仿真实例

设 $m = 10\text{kg}$，$c = 2\text{kg/s}$，$k = 100\text{N/m}$，即

$$H(s) = \frac{1}{10s^2 + 2s + 100}$$

在正弦激励下，对应的系统的仿真模型框图如图 4-22a 所示（为了对比结果，仿真框图中附加了微分方程模型）。观察输出图形，得到了完全一样的仿真结果，如图 4-22b 所示。

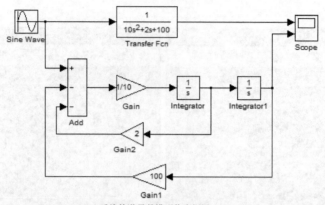

a) 系统传递函数模型仿真框图

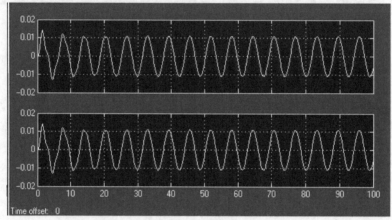

b) 系统传递函数模型仿真结果

图 4-22

设计实例 42　二自由度车辆悬架系统的频域分析

一、基本知识

在动力学分析中，有时要分析系统的响应与时间之间的变化关系，这就是时域分析。时域分析是描述数学函数或物理信号对时间的变化关系的分析方法。而频域分析是考察系统的响应与频率之间的关系的分析方法。往往在时域分析过程中观察不到的现象，在频域分析过程中不仅可以观察到，而且非常直观。

动力学系统的频域响应函数是借助于传递函数形式演变而来的，将传递函数中的复变量 s 用 $j\omega$ 替换，即可得到系统的频率响应函数。

例如，某系统的传递函数的分子分母多项式降幂系数为 [num, den]，可以应用 Matlab 函数 polyval (num, jw) ./polyval (den, jw) 来得到系统的频率响应函数。

二、仿真实例

将汽车简化为双自由度系统模型，如图 4-23 所示，分析其在行驶过程中路面的凹凸不平度带给悬架的振动。

解：容易得到动力学方程为

$$m_1 \ddot{x}_1 = k_1(x_2 - x_1) + c_1(\dot{x}_2 - \dot{x}_1) \tag{1}$$

$$m_2 \ddot{x}_2 = -k_1(x_2 - x_1) - c_1(\dot{x}_2 - \dot{x}_1) + k_2(w - x_2) - c_2 \tag{2}$$

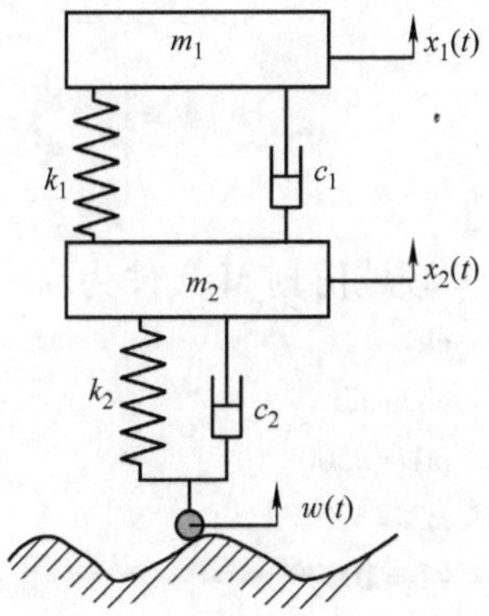

系统动力学方程的矩阵形式为

$$\begin{pmatrix} m_1 & 0 \\ 0 & m_2 \end{pmatrix}\begin{pmatrix} \ddot{x}_1 \\ \ddot{x}_2 \end{pmatrix} + \begin{pmatrix} c_1 & -c_1 \\ -c_1 & c_1 + c_2 \end{pmatrix}\begin{pmatrix} \dot{x}_1 \\ \dot{x}_2 \end{pmatrix} + \begin{pmatrix} k_1 & -k_1 \\ -k_1 & k_1 + k_2 \end{pmatrix}\begin{pmatrix} x_1 \\ x_2 \end{pmatrix}$$

$$= \begin{pmatrix} 0 \\ c_2 \end{pmatrix}\dot{w} + \begin{pmatrix} 0 \\ k_2 \end{pmatrix}w$$

图 4-23　二自由度系统模型

上式可简写为

$$M\ddot{X} + C\dot{X} + KX = D\dot{w} + Ew$$

对上式两边取拉普拉斯变换，得

$$(s^2 M + sC + K)X(s) = (sD + E)w(s)$$

则得

$$H(s) = \frac{X(s)}{w(s)} = \frac{sD + E}{s^2 M + sC + K}$$

如果取状态变量为

$$y_1 = x_1, \quad y_2 = x_2, \quad y_3 = \dot{x}_1, \quad y_4 = \dot{x}_2 - \frac{c_2}{m_2}w$$

则状态空间方程可简写为

$$\dot{y} = Ay + Bw$$

输出方程为

$$z = Cx$$

各矩阵元素如下：

$$A = \begin{pmatrix} 0 & 0 & 1 & 0 \\ 0 & 0 & 0 & 1 \\ -\dfrac{k_1}{m_1} & \dfrac{k_1}{m_1} & -\dfrac{c_1}{m_1} & \dfrac{c_1}{m_1} \\ \dfrac{k_1}{m_2} & -\dfrac{k_1 + k_2}{m_2} & \dfrac{c_1}{m_2} & -\dfrac{c_1 + c_2}{m_2} \end{pmatrix}$$

$$B = \begin{pmatrix} \dfrac{c_2}{m_2} \\ \dfrac{c_2}{m_2} \\ \dfrac{c_1 c_2}{m_1 m_2} \\ \dfrac{k_2}{m_2} - \left(\dfrac{c_2}{m_2}\right)^2 - \dfrac{c_1 c_2}{m_2^2} \end{pmatrix}, \quad C = \begin{pmatrix} 1 & 0 & 0 & 0 \\ 0 & 1 & 0 & 0 \end{pmatrix}$$

设 $m_1 = 2500\text{kg}$，$m_2 = 320\text{kg}$，$k_1 = 10000\text{N/s}$，$k_2 = 10k_1$，$c_1 = 14000\text{N} \cdot \text{s/m}$，$c_2 = 1000\text{N} \cdot \text{s/m}$

得

$$A = \begin{pmatrix} 0 & 0 & 1 & 0 \\ 0 & 0 & 0 & 1 \\ -4 & 4 & -5.6 & 5.6 \\ 31.25 & -343.75 & 43.75 & -46.88 \end{pmatrix}, B = \begin{pmatrix} 0 \\ 0.31 \\ 1.75 \\ 166 \end{pmatrix}$$

频域仿真 M 文件为：

```
clc
clear all
m1 = 2500
m2 = 320
k1 = 10000
k2 = 10 * k1
c1 = 14000
c2 = 1000
A = [0 0 1 0;0 0 0 1; -k1/m1  k1/m1  -c1/m1  c1/m1;k1/m2  -(k1+k2)/m2  c1/m2  -(c1+c2)/m2]
B = [0;c2/m2;c1*c2/m1/m2;k2/m2 - (c2/m2)^2 - c1*c2/m2/m2]
C = [1 0 0 0;0 1 0 0]
D = [0;0]
w = 0.1:0.01:5 * pi;
[MUN,DEN] = ss2tf(A,B,C,D)
G1 = polyval(MUN(1,:),j*w)./polyval(DEN,j*w);
G2 = polyval(MUN(2,:),j*w)./polyval(DEN,j*w);
mag1 = abs(G1);
mag2 = abs(G2);
plot(w,mag1,'r',w,mag2),grid on
```

频域响应函数曲线如图 4-24 所示。

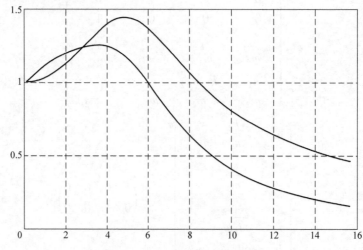

图 4-24 频域响应函数曲线

Simulink 仿真模型如图 4-25 所示。

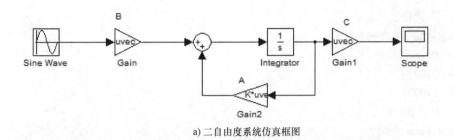

a) 二自由度系统仿真框图

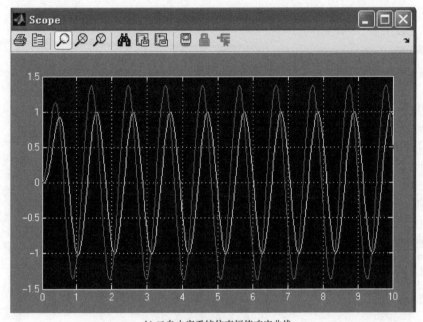

b) 二自由度系统仿真幅值响应曲线

图　4-25

当外部激励为 6rad/s 的正弦波时，可以看到下层结构比上层悬架的振动幅值要大。

设计实例 43　基于传递函数模型下任意激励下系统的响应

一、基本知识

传递函数是描述线性系统的另一种重要模型，在 Simulink 仿真中有专门的传递函数模块。

二、仿真实例

设有两个系统的传递函数分别为

$$H_1(s) = \frac{100}{s^3 + 10s^2 + 100s + 600}, \quad H_2(s) = \frac{1000}{s^3 + 10s^2 + 100s + 600}$$

设外部激励分别为：①脉冲激励；②谐波激励，仿真时间设为 0 ~ 5s，仿真步长为 0.01s，

使用如下 M 文件:

```
% 任意激励下系统的响应
t = 0:0.01:5;
num1 = [100];
num2 = [1000];
den = [1 10 100 600];
sys1 = tf(num1,den)
sys2 = tf(num2,den)
y1 = step(sys1,t);
y2 = step(sys2,t);
%%%%%%
y3 = impulse(sys1, t);       %    脉冲激励作用下的响应
u = 3 − t
y4 = lsim(sys2,u,t);          %   谐波激励下的响应
% plot(t,y);
plot(t,u);
plot(t,y1,t,y2,t,y3,t,y4);
grid
title('Unit − step respontse','fontsize',20)
xlabel('t(scend)','fontsize',20')
ylabel('out potput y','fontsize',20)
text(0.07,2.8,'x(t)')
text(0.7,2.35,'y(t)')
```

运行结果如图 4-26 所示。

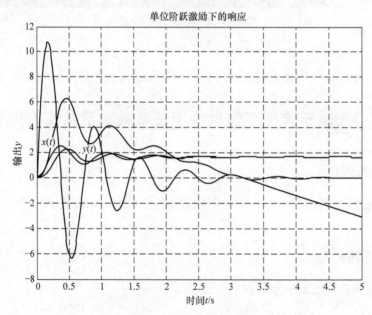

图 4-26　脉冲激励和谐波激励下系统的响应曲线

设计实例 44 二阶系统临界阻尼下对初始条件的响应分析

一、基本知识

根据振动理论可知，在临界阻尼状态下，不论给定怎样的初始条件，质点最多只能越过平衡位置一次。为了说明质点能否越过平衡位置，现对此问题进行仿真，这里将此问题转化到状态空间进行讨论。

设系统的物理空间方程为

$$m\ddot{x} + c\dot{x} + kx = 0$$

将上式写成标准形式：

$$\ddot{x} + 2\zeta p \dot{x} + p^2 x = 0$$

在临界阻尼状态下，有 $\zeta = 1$，即有临界阻尼系数

$$c_c = 2\sqrt{mk}$$

在临界阻尼状态下，系统的特征根为

$$\lambda_{1,2} = -p$$

系统动力学方程的通解为

$$x(t) = (A + Bt)\mathrm{e}^{-pt}$$

设初始条件为 $x(0) = x_0$，$\dot{x}(0) = \dot{x}_0$，代入通解中得

$$x_0 = A, \quad \dot{x}_0 = B - pA$$

系统对应于初始条件的解为

$$x(t) = \left[x_0 + t(px_0 + \dot{x}_0) \right]\mathrm{e}^{-pt}$$

越过平衡位置的时间为

$$t_0 = \frac{-x_0}{px_0 + \dot{x}_0}$$

由此可知，当 $\dot{x}_0 < -(1+p)x_0$，就能使质点越过平衡位置一次。

二、仿真实例

设系统处于临界阻尼状态下，即

$$m\ddot{x} + 2\sqrt{mk}\dot{x} + kx = 0$$

设 $m = 1\mathrm{kg}$，$k = 1\mathrm{N/m}$，则 $p = \sqrt{\dfrac{k}{m}} = 1$，如果取初始位移 $x_0 = 1$，初始速度 $\dot{x}_0 = -1.5$，经理论计算可知越过平衡位置的时间为

$$t_0 = \frac{-x_0}{px_0 + \dot{x}_0} = \frac{1}{1 - 2.5} = \frac{10}{15} = \frac{2}{3} = 0.6667(\mathrm{s})$$

如图 4-27 所示，改变两个积分器的初始值（相当于给定初始速度和初始位移），观察示波器的输出信号。

请读者验证其他参数情况。

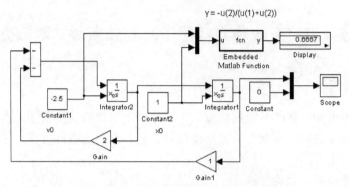

a) 质点在初始条件下响应分析的仿真框图

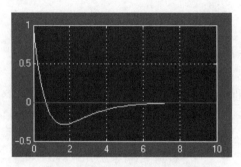

b) 质点在初始条件下响应分析的仿真结果

图　4-27

设计实例 45　复模态分析法（对称系统）

一、基本知识

根据振动理论可知，当系统具有非比例黏性阻尼时，系统的特征值和特征向量往往为复数，而模态分析中的模态质量和模态刚度也为复数。此时不能采用无阻尼系统的实模态作为坐标变换来解耦原动力学方程，因此必须另外寻求出路，一种常用方法是可以将原方程转化到状态空间中来讨论，以便得到系统的响应。

1. 状态空间方程

设物理空间中的动力学方程为

$$M\ddot{X} + C\dot{X} + KX = F(t) \tag{a}$$

当系统中的 M、C、K 均为对称矩阵时，则称该系统为对称系统。

设选取的状态空间变量为

$$y = \begin{pmatrix} X \\ \dot{X} \end{pmatrix}_{2n \times 1}$$

则对应的状态空间方程为

$$M^* \dot{y} + K^* y = F^* \tag{b}$$

其中，

$$M^* = \begin{pmatrix} C & M \\ M & O \end{pmatrix}; \ K^* = \begin{pmatrix} K & O \\ O & -M \end{pmatrix}; \ F^* = \begin{pmatrix} F \\ 0 \end{pmatrix}$$

2. 物理空间与状态空间中的特征对关系

设物理空间中的动力学方程为

$$M\ddot{X} + C\dot{X} + KX = F(t)$$

令 $F(t) = 0$。设 $X = ue^{\lambda t}$，代入上式，则得物理空间的特征对为

$$(\lambda^2 M + \lambda C + K) \, u = 0$$

可以证明：在系统为亚临界阻尼状态下，其有 n 对具有负实部的复数共轭特征值，假定无重根（重根按重数计算），则有特征根为

$$\lambda_1 、 \lambda_2 、 \cdots 、 \lambda_i 、 \lambda_{i+1} 、 \cdots 、 \lambda_{2n}$$

其中，

$$\lambda_{i+1} = \bar{\lambda}_i \ (i = 1, \ 2, \ \cdots, \ 2n - 1)$$

将 $2n$ 个特征值写为矩阵形式，则为

$$\Lambda = \mathrm{diag}(\lambda_1, \lambda_2, \cdots, \lambda_i, \cdots, \lambda_{2n})_{2n \times 2n}$$

同时可以得到 n 对共轭特征向量，则为

$$u = (u_1 \quad u_2 \quad \cdots \quad u_{2n})_{n \times 2n}$$

其中

$$u_{i+1} = \bar{u}_i \ (i = 1, \ 2, \ \cdots, \ 2n - 1)$$

下面讨论状态空间中的特征对问题。

系统的特征对问题为

$$(sM^* + K^*) V = 0 \tag{1}$$

如果写成分块形式，则有

$$\begin{pmatrix} sC + K & sM \\ sM & M \end{pmatrix} \begin{pmatrix} v_1 \\ v_2 \end{pmatrix} = 0$$

可得到两个方程

$$\begin{cases} (sC + K)v_1 + sMv_2 = 0 \\ sv_1 - v_2 = 0 \end{cases}$$

将上式中的第二式代入第一式，则有

$$(s^2 M + sC + K)v_1 = 0$$

记

$$v_1 = V_1 = (v_1^{(1)} \quad v_1^{(2)} \quad \cdots \quad v_1^{(i)} \quad v_1^{(2n)})_{n \times 2n}, v_2 = V_2 = (v_2^{(1)} \quad v_2^{(2)} \quad \cdots \quad v_2^{(i)} \quad v_2^{(2n)})_{n \times 2n}$$

此处，$2n$ 个特征向量仍然为共轭的 n 对复数。可以看到：状态空间中的特征向量 V_1 等于物理空间中的特征向量 u，即 $V_1 = u$；状态空间中的特征值 s_i 等于物理空间中特征值 λ_i，因此有 $V_2 = \lambda u$；这样即可得到物理空间中的特征对与状态空间中的特征对的关系为

$$V_{2n \times 2n} = \begin{pmatrix} V_1 \\ V_2 \end{pmatrix} = \begin{pmatrix} u \\ \lambda u \end{pmatrix}_{2n \times 2n} \tag{2}$$

3. 状态空间特征向量的加权正交性

根据式（1）$(sM^* + K^*) \ V = 0$，当 $s_i = \lambda_i$ 时，有

$$(\lambda_i M^* + K^*) V^{(i)} = 0 \tag{3}$$

当 $s_j = \lambda_j$ 时，有

$$(\lambda_j M^* + K^*) V^{(j)} = 0 \tag{4}$$

$(V^{(j)})^T \times$ 式（3）得

$$(V^{(j)})^T (\lambda_i M^* + K^*) V^{(i)} = 0 \tag{5}$$

将式（4）进行转置后乘以 $V^{(i)}$ 得

$$(V^{(j)})^T (\lambda_j M^* + K^*) V^{(i)} = 0 \tag{6}$$

注意：M^* 与 K^* 均为对称矩阵。

式（5）－式（6）得

$$(\lambda_i - \lambda_j)(V^{(j)})^T M^* V^{(i)} = 0 \tag{7}$$

当 $i \neq j$，即 $\lambda_i - \lambda_j \neq 0$ 时，则有

$$(V^{(j)})^T M^* V^{(i)} = 0 \quad (i = 1, 2, \cdots, 2n)$$

类似可得

$$(V^{(j)})^T K^* V^{(i)} = 0 \quad (i = 1, 2, \cdots, 2n)$$

与实模态分析一样，可以定义状态空间中的模态质量。

当 $i = j$ 时，有

$$(V^{(i)})^T M^* V^{(i)} = m_p^{(i)} \tag{8}$$

$$(V^{(i)})^T K^* V^{(i)} = k_p^{(i)} \tag{9}$$

将式（8）、式（9）代入式（3），有

$$\lambda_i = -\frac{k_p^{(i)}}{m_p^{(i)}} \quad (i = 1, 2, \cdots, 2n) \tag{10}$$

如果用矩阵表示，则得复模态质量矩阵与刚度矩阵分别为

$$\begin{cases} M_p = V^T M^* V = \text{diag}(m_p^{(1)}, m_p^{(2)}, \cdots, m_p^{(n)}) \\ K_p = V^T K^* V = \text{diag}(k_p^{(1)}, k_p^{(2)}, \cdots, k_p^{(n)}) \end{cases} \tag{11}$$

4. 系统的响应

取坐标变换为

$$y_{2n \times 1} = V_{2n \times 2n} q \tag{12}$$

其中，q 为主坐标。将式（12）代入状态方程（b），再利用正交性，即可得模态坐标下的动力学方程为

$$M_p \dot{q} + K_p q = F_p$$

其中，模态力为

$$F_p = V^T F^*$$

上式写成分量形式为

$$m_p^{(i)} \dot{q}_i + k_p^{(i)} q_i = (V^{(i)})^T F^* = F_p^{(i)}$$

简写为

$$\dot{q}_i - \lambda_i q_i = \frac{F_p^{(i)}}{m_p^{(i)}} \quad (i = 1, 2, \cdots, 2n) \tag{13}$$

值得注意的是：式（13）是一个复数微分方程，该方程的解为

$$q_i(t) = q_i(0)\mathrm{e}^{\lambda_i t} + \frac{1}{m_p^{(i)}}\int \mathrm{e}^{\lambda_i(t-\tau)} F_p^{(i)}(\tau)\mathrm{d}\tau \tag{14}$$

式（14）中，$q_i(0)$ 为

$$\boldsymbol{q}(0) = \boldsymbol{V}^{-1}\boldsymbol{y}(0) = \boldsymbol{V}^{-1}\begin{pmatrix} \boldsymbol{x}(0) \\ \dot{\boldsymbol{x}}(0) \end{pmatrix} \tag{15}$$

当求得了 $q_i = q_i(t)$ 后，再代回到状态空间，得到状态空间中的响应：$\boldsymbol{y}_{2n\times 1} = \boldsymbol{V}_{2n\times 2n}\boldsymbol{q}$，即

$$\begin{pmatrix} \boldsymbol{x} \\ \dot{\boldsymbol{x}} \end{pmatrix}_{2n\times 1} = \boldsymbol{V}_{2n\times 2n}\boldsymbol{q}_{2n\times 1} = \begin{pmatrix} \boldsymbol{u} \\ \lambda\boldsymbol{u} \end{pmatrix}\boldsymbol{q} \tag{16}$$

展开后得

$$\begin{cases} \boldsymbol{x}_{n\times 1} = \displaystyle\sum_{i=1}^{2n} \boldsymbol{u}^{(i)} q_i(t) \\ \dot{\boldsymbol{x}}_{n\times 1} = \displaystyle\sum_{i=1}^{2n} \lambda_i \boldsymbol{u}^{(i)} q_i(t) \end{cases} \tag{17}$$

二、仿真实例

图 4-28 所示为双自由度系统，其中 $m_1 = 2m_2 = 2\mathrm{kg}$，$c_1 = 3\mathrm{N\cdot s/m}$，$c_2 = 0$，$c_3 = 9\mathrm{N\cdot s/m}$，$k_1 = 3k_2 = 3k_3 = 60\mathrm{N/m}$，$f_1(t) = \delta(t)$。试求零初始条件下的响应。

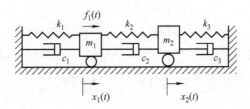

图 4-28 双自由度模型

解：（1）系统动力学方程为

$$\begin{pmatrix} 2 & 0 \\ 0 & 1 \end{pmatrix}\ddot{\boldsymbol{X}} + \begin{pmatrix} 3 & 0 \\ 0 & 9 \end{pmatrix}\dot{\boldsymbol{X}} + 100\begin{pmatrix} 4 & -1 \\ -1 & 2 \end{pmatrix}\boldsymbol{X} = \begin{pmatrix} \delta(t) \\ 0 \end{pmatrix}$$

可以解得实模态矩阵为 $\boldsymbol{A} = \begin{pmatrix} -0.500 & -0.500 \\ -0.707 & 0.707 \end{pmatrix}$

但是无法与阻尼矩阵正交，即 $\boldsymbol{A}^{\mathrm{T}}\boldsymbol{C}\boldsymbol{A} = \begin{pmatrix} 5.25 & -3.75 \\ -3.75 & 5.25 \end{pmatrix}$，所以只能采用复模态方法。

（2）状态空间模型为

$$\boldsymbol{M}^*\dot{\boldsymbol{y}} + \boldsymbol{K}^*\boldsymbol{y} = \boldsymbol{F}^*$$

其中，状态变量为

$$\boldsymbol{y} = (x_1 \quad x_2 \quad \dot{x}_1 \quad \dot{x}_2)^{\mathrm{T}}$$

$$\boldsymbol{F}^* = \begin{pmatrix} 1 \\ 0 \end{pmatrix}\delta(t)$$

$$M^* = \begin{pmatrix} C & M \\ M & O \end{pmatrix} = \begin{pmatrix} 3 & 0 & 2 & 0 \\ 0 & 9 & 0 & 1 \\ 2 & 0 & 0 & 0 \\ 0 & 1 & 0 & 0 \end{pmatrix}; K^* = \begin{pmatrix} K & O \\ O & -M \end{pmatrix} = \begin{pmatrix} 400 & -100 & 0 & 0 \\ -100 & 200 & 0 & 0 \\ 0 & 0 & -2 & 0 \\ 0 & 0 & 0 & -1 \end{pmatrix}$$

$$F^* = \begin{pmatrix} 1 \\ 0 \\ 0 \\ 0 \end{pmatrix} \delta(t)$$

（3）状态空间中的特征对。

特征向量矩阵为

$$V = \begin{pmatrix} 0.0054 + 0.0393i & 0.0054 - 0.0393i & -0.0227 + 0.0345i & -0.0227 - 0.0346i \\ 0.0327 - 0.0324i & 0.0327 + 0.0324i & 0.0050 + 0.0712i & 0.0050 - 0.0712i \\ -0.6615 - 0.0053i & -0.6165 + 0.0053i & -0.3352 - 0.3686i & -0.3352 + 0.3686i \\ 0.4243 + 0.5757i & 0.4243 - 0.5757i & -0.8450 - 0.1550i & -0.8450 + 0.1550i \end{pmatrix}$$

特征值矩阵为

$$P = \begin{pmatrix} -2.2581 + 15.3793i & 0 & 0 & 0 \\ 0 & -2.2581 - 15.3793i & 0 & 0 \\ 0 & 0 & -2.9919 + 11.6578i & 0 \\ 0 & 0 & 0 & -2.9919 - 11.6578i \end{pmatrix}$$

$$\lambda_1 = -2.2581 + 15.3793i, \quad \lambda_2 = \widetilde{\lambda}_1 = -2.2581 - 15.3793i$$
$$\lambda_3 = -2.9919 + 11.6578i, \quad \lambda_4 = \widetilde{\lambda}_3 = -2.9919 - 11.6578i$$

将特征向量写成分量形式得 $\qquad V = \begin{pmatrix} V_1 & V_2 & V_3 & V_4 \end{pmatrix}$

其中，

$$V_1 = \begin{pmatrix} 0.0054 + 0.0393i \\ 0.0327 - 0.0324i \\ -0.6165 - 0.0053i \\ 0.4243 + 0.5757i \end{pmatrix}, \quad V_2 = \overline{V}_1 = \begin{pmatrix} 0.0054 - 0.0393i \\ 0.0327 + 0.0324i \\ -0.6165 + 0.0053i \\ 0.4243 - 0.5757i \end{pmatrix}$$

$$V_3 = \begin{pmatrix} -0.0227 + 0.0346i \\ 0.0050 + 0.0712i \\ -0.3352 - 0.3686i \\ -0.8450 - 0.1550i \end{pmatrix}, \quad V_4 = \overline{V}_3 = \begin{pmatrix} -0.0227 - 0.0346i \\ 0.0050 - 0.0712i \\ -0.3352 + 0.3686i \\ -0.8450 + 0.1550i \end{pmatrix}$$

容易验证：$V_1 = \begin{pmatrix} u_1 \\ \lambda_1 u_1 \end{pmatrix}, \quad V_2 = \begin{pmatrix} \overline{u}_1 \\ \overline{\lambda}_1 \overline{u}_1 \end{pmatrix}, \quad V_3 = \begin{pmatrix} u_2 \\ \lambda_2 u_2 \end{pmatrix}, \quad V_4 = \begin{pmatrix} \overline{u}_2 \\ \overline{\lambda}_2 \overline{u}_2 \end{pmatrix}$

其中 $\qquad u_1 = \begin{pmatrix} 0.0054 + 0.0393i \\ 0.0327 - 0.0324i \end{pmatrix}, \quad u_2 = \begin{pmatrix} -0.0227 + 0.0346i \\ 0.0050 + 0.0712i \end{pmatrix}$

此处 u_1，u_2 是物理空间中的特征向量，因此可以采用物理空间下的特征向量和特征值来构造状态空间中的特征向量。

（4）模态变换与模态坐标动力学方程

模态变换方程为

$$y_{2n \times 1} = V_{2n \times 2n}q$$

可得模态坐标下的动力学方程为

$$M_p \dot{q} + K_p q = F_p$$

或

$$\dot{q} - \text{diag}(\lambda)q = M_p^{-1}F_p$$

其中，模态质量矩阵 M_p、模态刚度矩阵 K_p 和模态力列阵 F_p 分别为

$$M_p = \begin{pmatrix} 0.0481 - 0.1046i & -0.0000 + 0.0000i & -0.0000 - 0.0000i & 0.0000 + 0.0000i \\ -0.0000 - 0.0000i & 0.0481 + 0.1046i & 0.0000 - 0.0000i & -0.0000 + 0.0000i \\ -0.0000 - 0.0000i & 0.0000 - 0.0000i & 0.0477 - 0.1331i & 0.0000 - 0.0000i \\ 0.0000 + 0.0000i & -0.0000 + 0.0000i & 0.0000 + 0.0000i & 0.0477 + 0.1331i \end{pmatrix}$$

$$K_p = \begin{pmatrix} -1.5008 - 0.9762i & 0.0000 + 0.0000i & -0.0000 + 0.0000i & 0.0000 - 0.0000i \\ 0.0000 - 0.0000i & -1.5008 + 0.9762i & 0.0000 + 0.0000i & -0.0000 - 0.0000i \\ -0.0000 + 0.0000i & 0.0000 + 0.0000i & -1.4087 - 0.9543i & 0.0000 - 0.0000i \\ 0.0000 - 0.0000i & -0.0000 - 0.0000i & 0.0000 + 0.0000i & -1.4087 + 0.9543i \end{pmatrix}$$

$$F_p = V^{\text{T}} \begin{pmatrix} 1 \\ 0 \\ 0 \\ 0 \end{pmatrix} \delta(t) = \begin{pmatrix} 0.0054 + 0.0393i \\ 0.0054 - 0.0393i \\ -0.0227 + 0.0346i \\ -0.0227 - 0.0346i \end{pmatrix} \delta(t) = E\delta(t)$$

展开上式后，有

$$\dot{q}_i - \lambda_i q_i = \frac{F_{pi}}{m_{pi}} \quad (i = 1, 2, 3, 4)$$

根据式（14），得模态坐标下的响应为

$$q_i(t) = q_i(0)e^{\lambda_i t} + \frac{1}{m_p^{(i)}} \int e^{\lambda_i(t-\tau)} F_p^{(i)}(\tau)d\tau = \frac{E^{(i)}}{m_p^{(i)}} e^{\lambda_i} \quad (i = 1,2,3,4)$$

其中，$q_1(t) = (-0.2903 + 0.1853i)e^{\lambda_1 t}$，$q_2(t) = \bar{q}_1 = (-0.2903 - 0.1853i)e^{\lambda_2 t}$

$q_3(t) = (-0.2846 - 0.0689i)e^{\lambda_3 t}$，$q_4(t) = \bar{q}_3 = (-0.2846 + 0.0689i)e^{\lambda_4 t}$

基于复数模块的仿真结果及基于复数模块的仿真框图如图 4-29 所示。

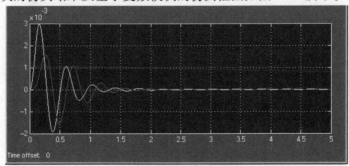

a）基于复数模块的仿真结果

图 4-29

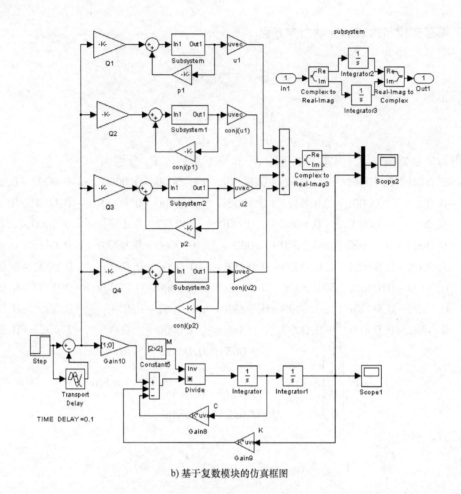

b) 基于复数模块的仿真框图

图 4-29（续）

图 4-29b 中的上半部分是复模态问题的仿真框图，下面是二阶微分仿真模型，经过对比，二者的响应得到了一致的结果。其中的外部激励为高度等于 1、宽度等于 0.1 的矩形函数。

% 下面给出了计算模态参数的 Matlab 脚本文件

```
clc;clear
M = [2  0;0 1]                  % 物理空间质量矩阵
K = 100 * [4  -1 ; -1  2]        % 物理刚度矩阵
C = [3 0;0 9]                    % 物理阻尼矩阵
F = [1;0];                       % 物理空间激振力系数列阵
% 以下为实模态分析
B = inv(M) * K;                  % inv(M)为求 M 的逆矩阵
[V,P] = eig( -B)                 % 化为标准特征值问题，V 是特征向量，P 是特征值。
[V1,P1] = eig(K, -M)             % 广义特征值问题
PD = sqrt( -P)                   % 求系统的固有频率
MP = V' * M * V                  % 求系统的主质量矩阵
KP = V' * K * V                  % 求系统的主刚度矩阵
```

```
MC = V' * C * V                         % 观察阻尼矩阵能否对角化
V0 = [V(:,1)/V(1,1),V(:,2)/V(1,2)]      % 阵型矩阵，并各列除以第一个元素
VN = [V(:,1)/sqrt(MP(1,1)),V(:,2)/sqrt(MP(2,2))]
                                        % 归一化阵型矩阵
MC1 = V0' * C * V0
% 以下为复模态分析
MI = [1 0;0 1]
M0 = [0 0;0 0]
MX = [C M;M M0]
KX = [K M0;M0 - M]
[VX1,PX1] = eig(KX, - MX)
MXP = conj(VX1') * MX * VX1             % 模态质量矩阵　conj(x) 表示取 x 的共轭
KXP = conj(VX1') * KX * VX1             % 模态刚度矩阵
PN = - KXP/MXP                          % 特征值矩阵
FP = conj(VX1') * [F;0;0]               % 模态力系数列阵
% 以下为求物理空间中的特征值
p = sym('p') ;
D = p * p * M + p * C + K               % 特征对问题
E = det(D)                              % 求矩阵 D 的行列式
PX = solve(E,'p')                       % 求解代数方程 D = 0 关于特征值 p 的解
PX = vpa(PX,8)                          % 保留 8 位有效位数
```

请读者分析，如何求解物理空间中的特征值，并验证物理空间和状态空间中的特征对问题关系式（2）。

设计实例 46　二维弹性薄膜的振动

一、基本知识

柔性的薄膜特点是厚度很小，不能承受弯曲，仅承受张力作用，可视为一维弹性弦线向二维的扩展，因此简化为二维薄膜的物理模型。设薄膜内单位长度的张力为常数 T，单位面积的质量为 ρ，则薄膜单元体如图 4-30 所示，薄膜单元体受力图如图 4-31 所示。

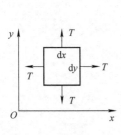

图 4-30　薄膜单元体

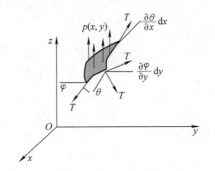

图 4-31　薄膜单元体受力图

动力学方程的建立如下：

设在 z 方向上的位移为

$$w = w(x, y, t)$$

在 z 方向上的动力学方程为

$$Tdy\sin\left(\theta + \frac{\partial\theta}{\partial x}dx\right) - Tdy\sin\theta + Tdx\sin\left(\varphi + \frac{\partial\varphi}{\partial y}dy\right) - Tdx\sin\varphi + p(x,y,t)dxdy \tag{1}$$

$$= \rho dxdy \frac{\partial^2 w}{\partial t^2}$$

假定薄膜沿 z 方向的位移 w 很小，各转动角度很小，则有

$$\sin\theta \approx \theta, \sin\left(\theta + \frac{\partial\theta}{\partial x}dx\right) \approx \theta + \frac{\partial\theta}{\partial x}dx, \sin\varphi \approx \varphi, \sin\left(\varphi + \frac{\partial\varphi}{\partial y}dy\right) \approx \varphi + \frac{\partial\varphi}{\partial y}dy$$

代入式（1）则有

$$T\frac{\partial\theta}{\partial x} + T\frac{\partial\varphi}{\partial y} + p(x,y,t) = \rho\frac{\partial^2 w(x,y,t)}{\partial t^2} \tag{2}$$

进一步考虑到几何关系

$$\theta \approx \tan\theta = \frac{\partial w(x,y,t)}{\partial x}, \quad \varphi \approx \tan\varphi = \frac{\partial w(x,y,t)}{\partial y}$$

则有

$$T\frac{\partial^2 w}{\partial x^2} + T\frac{\partial^2 w}{\partial y^2} + p(x,y,t) = \rho\frac{\partial^2 w}{\partial t^2} \tag{3}$$

引用拉普拉斯算子

$$\nabla^2 = \frac{\partial^2}{\partial x^2} + \frac{\partial^2}{\partial y^2}$$

式（3）可以写为

$$\rho\frac{\partial^2 w}{\partial t^2} - T\nabla^2 w = p(x,y,t) \tag{4}$$

此方程为二维偏微分方程。

二、仿真实例

薄膜自由振动的方程（二维波动方程）为

$$\rho\frac{\partial^2 w}{\partial t^2} - T\nabla^2 w = 0 \tag{5}$$

标准形式是

$$\frac{\partial^2 w}{\partial t^2} = a^2\nabla^2 w \tag{6}$$

其中，

$$a^2 = \frac{T}{\rho}$$

周边固定边界条件

$$w(0,y,t) = 0, w(a,,y,t) = 0$$
$$w(x,0,t) = 0, w(x,b,t) = 0$$

利用分离变量法,有

$$w(x,y,t) = W(x,y)S(t)$$

其中,$W(x,y)$ 称为振型函数,$S(t)$ 称为振动规律函数。

假定

$$W(x,y) = X(x) \cdot Y(y)$$

将其代入式(6)可以化为常微分方程

$$\ddot{S}(t)W(x,y) = a^2 \nabla^2 W(x,y)S(t) \tag{7}$$

$$\frac{\ddot{S}(t)}{S(t)} = a^2 \frac{\nabla^2 W(x,y)}{W(x,y)} = -p^2$$

其中,p 为常数,且为系统的固有频率。

整理上式可得

$$\ddot{S}(t) + p^2 S(t) = 0 \tag{8}$$

$$a^2 \nabla^2 W(x,y) + p^2 W(x,y) = 0 \tag{9}$$

或

$$a^2 \left[X''(x)Y(y) + Y''(y)X(x) \right] + p^2 X(x) \cdot Y(y) = 0 \tag{10}$$

同理有

$$\frac{X''(x)}{X(x)} + \frac{Y''(y)}{Y(y)} = -\beta^2 \tag{11}$$

其中

$$\beta^2 = \frac{p^2}{a^2}$$

由于两个无关的量相加为常数,则两个无关的变量为常数,因此可以写成两个方程

$$\frac{X''(x)}{X(x)} = -\alpha^2, \frac{Y''(y)}{Y(y)} = -\gamma^2$$

对比上式可以得到

$$\beta^2 = \alpha^2 + \gamma^2$$

固有频率方程为

$$p = \frac{T}{\rho}\sqrt{\alpha^2 + \gamma^2}$$

振型方程为

$$X''(x) + \alpha^2 X(x) = 0, \ Y(y) + \gamma^2 Y(y) = 0$$

振型解为

$$X(x) = c_1 \cos\alpha x + c_2 \sin\alpha x, Y(y) = c_3 \cos\gamma y + c_4 \sin\gamma y$$

从而有

$$W(x,y) = X(x) \cdot Y(y) = (c_1 \cos\alpha x + c_2 \sin\alpha x) \cdot (c_3 \cos\gamma y + c_4 \sin\gamma y)$$

重新组合为

$$W(x,y) = A_1 \cos\alpha x\cos\gamma y + A_2 \sin\alpha x\sin\gamma y + A_3 \cos\alpha x\sin\gamma y + A_4 \cos\gamma y\sin\alpha x$$

根据边界条件,当薄膜四边固定时,有

$$x = 0 : w(0,y,t) = 0, \ x = a : w(a,y,t) = 0$$

即

$$W(0,y) = 0, \ W(a,y) = 0$$

代入边界条件得

$$0 = A_1 \cos\gamma y + A_3 \sin\gamma y, \ 0 = A_2 \sin\alpha a \sin\gamma y + A_4 \cos\gamma y \sin\alpha a$$

同理，根据边界条件

$$y = 0: \ w(x,0,t) = 0, w(x,b,t) = 0$$

即

$$W(x,0) = 0, W(x,b) = 0$$

则有

$$0 = A_1 \cos\alpha x + A_4 \sin\alpha x, 0 = A_2 \sin\alpha x \sin\gamma b + A_3 \cos\alpha x \sin\gamma b$$

联立求解，写成矩阵形式为

$$\begin{pmatrix} \cos\gamma y & 0 & \sin\gamma y & 0 \\ 0 & \sin\alpha a \sin\gamma y & 0 & \cos\gamma y \sin\alpha a \\ \cos\alpha x & 0 & 0 & \sin\alpha x \\ 0 & \sin\alpha x \sin\gamma b & \cos\alpha x \sin\gamma b & 0 \end{pmatrix} \begin{pmatrix} A_1 \\ A_2 \\ A_3 \\ A_4 \end{pmatrix} = \mathbf{0}$$

根据

$$\det \begin{pmatrix} \cos\gamma y & 0 & \sin\gamma y & 0 \\ 0 & \sin\alpha a \sin\gamma y & 0 & \cos\gamma y \sin\alpha a \\ \cos\alpha x & 0 & 0 & \sin\alpha x \\ 0 & \sin\alpha x \sin\gamma b & \cos\alpha x \sin\gamma b & 0 \end{pmatrix}$$

$$= \cos\alpha x \cdot \sin\alpha x \sin\gamma b \times \cos\gamma y \sin\alpha a \sin\gamma y = 0$$

进一步可得

$$\sin\gamma b \times \sin\alpha a = 0$$

即

$$\sin\gamma b = 0, \ \sin\alpha a = 0$$

$$\alpha_m = \frac{m\pi}{a}, \ m = 1, \ 2, \ \cdots; \ \gamma_n = \frac{n\pi}{b}, \ n = 1, \ 2, \ \cdots$$

固有频率方程为

$$p_{mn} = \frac{T}{\rho} \sqrt{\alpha_{mn}^2 + \gamma_{mn}^2} = \frac{T}{\rho} \pi \sqrt{(\frac{m}{a})^2 + (\frac{n}{b})^2}$$

进一步有

$$\begin{pmatrix} \cos\gamma y & 0 & \sin\gamma y & 0 \\ 0 & 0 & 0 & 0 \\ \cos\alpha x & 0 & 0 & \sin\alpha x \\ 0 & 0 & 0 & 0 \end{pmatrix} \begin{pmatrix} A_1 \\ A_2 \\ A_3 \\ A_4 \end{pmatrix} = \mathbf{0}$$

展开上式得

$$A_1 \cos\gamma y + A_3 \sin\gamma y = 0, \ A_1 \cos\alpha x + A_4 \sin\alpha x = 0$$

$$A_1 = A_3 = A_4 = 0, \ A_2 \neq 0$$

则有

$$W_{mn}(x,y) = A_{mn} \sin\frac{m\pi}{a}x \sin\frac{n\pi}{b}y, m,n = 1,2,\cdots$$

编写程序计算求解，设 $a=1$，$b=1$，$A_{mn}=1$，分别取 m，$n=1$，2，$\cdots$，可以得到各阶振型图，图 4-32 所示是一阶、二阶和三阶振型图。其中二阶振型有两种情况。

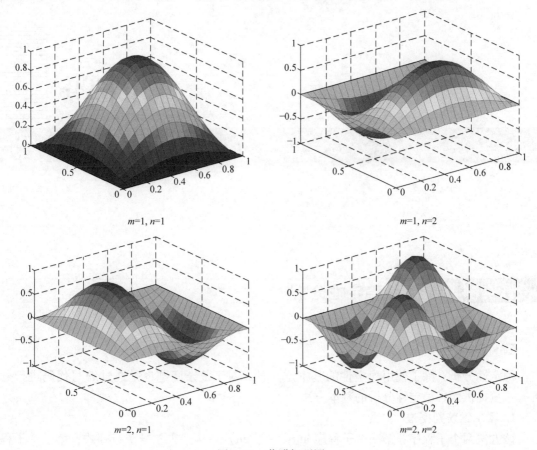

$m=1, n=1$ $m=1, n=2$

$m=2, n=1$ $m=2, n=2$

图 4-32　薄膜振型图

以上各阶固有频率方程为

$$p_{mn} = \frac{T}{\rho} \sqrt{\alpha_{mn}^2 + \gamma_{mn}^2} = \frac{T}{\rho} \pi \sqrt{\left(\frac{m}{a}\right)^2 + \left(\frac{n}{b}\right)^2}$$

Matlab 脚本文件如下：

```
clear all
x = 0:0.05:1;                          % x 变化范围 0 - 1,步长取 0.05
y = x;                                 % y 与 x 变化范围相同
m = 1;n = 1;                           % 指定振型阶数
%  m = 1;n = 2;
%  m = 2;n = 1;
%  m = 2;n = 2;
[X,Y] = meshgrid(x,y);                 % 形成矩阵形式
Z = sin(m * pi * X). * sin(n * pi * Y) % 计算振型 W
surf(X,Y,Z)                            % 三维绘图
```

第5部分

动力学控制

系统稳定性分析

一、基本知识

稳定性分析，除了使用稳定性的基本定义外，对于复杂问题也是通过编写代码进行分析，这里提供两种稳定性分析的基本方法。

1. 霍尔维茨判据法

该方法两个子程序：第一个子程序 hurwitz（den）是构造霍尔维茨行列式；第二个子程序是 posdef（A），计算各阶主子式值，判断矩阵正定性。

```
% hurwitz(den) 函数子程序
function H = urwitz(den)
n = length(den) - 1;
for i = 1:n, j = floor(i/2);
if i = = j * 2,
hsub1 = den(1:2:end); j = j - 1;
else, hsub1 = den(2:2:end); end
k1 = length(hsub1); k2 = n - j - k1;
H(i,:) = [zeros(1,j),hsub1,zeros(1,k2)];
end

% 函数子程序 posdef(A)
function [key,sdet] = posdef(A)
[nr,nc] = size(A); sdet = [];
for i = 1:nr
sdet = [sdet,det(A(1:I,1:i))];
```

```
end
key = 1;
if any( sdet < = 0)
key = 0;
end
```

2. 劳斯判据法

```
% Routh 判据判定系统的稳定性子程序
function R = myRouth( b)
if( nargin < 1), warning( 'No Input Argument') ; return        % 检查输入是否小于 1
end
b = fliplr( b) ;    % 矩阵 b 左右翻转
ord = size( b,2) - 1 ;
ri = fix( fix( ord/2) * 2 ) + 1 ;           % 截尾取整
rj = ceil( ( ord + 1)/2) ;                  % ceil( A)朝负无穷方向舍入大于 A 的最小整数
Ri = [ b( ord + 1 : - 2 :1) ;b( ord : - 2 :1)   zeros( fix( ( ri - 1)/ord) ) ] ;
R = sym( zeros( ord + 1,rj) )  ;  R( ord + 1 : - 1 :ord, : ) = Ri ;
  for n = ord - 1 : - 1 :2
for j = 1 :round( n/2)                      % 朝零穷方向舍入四舍五入取整
R( n,j) = ( R( n + 1,1) * R( n + 2,j + 1) - R( n + 1,j + 1) * R( n + 2,1) )/R( n + 1) ;
end
R( 1,1) = R( ri,rj) ;
R = simplify( R) ; R = flipud( R) ;      % flipud 函数可以实现矩阵的上下翻转
```

二、仿真实例

仿真实例 1

设系统的传递函数为

$$H(s) = \frac{1}{2s^4 + s^3 + 3s^2 + 5s + 10}$$

请用霍尔维茨判据法判断系统的稳定性。

首先建立霍尔维茨判据法的两个子程序，并保存在两个文件内，然后再建立主程序，并设置主程序的运行路径和子程序的路径相同（通常可以将子程序和主程序保存在同一个文件夹内，再从该目录下运行主程序）

```
% 霍尔维茨判据法主程序
clc
den = [ 2 1 3 5 10] ;           % 系统分母系数
A = hurwitz( den)              % 构造霍尔维茨矩阵
[ key,sdet] = posdef( A)       % 判断矩阵 A 的正定性, 返回其值
if ( key = =0)
        disp( 'no Stable') ;    % 不稳定
else
        disp( 'Stable') ;       % 稳定
```

111

end

运行结果如下:

```
A =
     1     5     0     0
     2     3    10     0
     0     1     5     0
     0     2     3    10
key =
     0
sdet =
     1    -7   -45   -450
no Stable
```

判断结果: 系统不稳定。

仿真实例 2

设有三个系统对应的传递函数如下:

$$H_1(s) = \frac{1}{10s^3 + 35s^2 + 50s + 24}$$

$$H_2(s) = \frac{1}{2s^4 + s^3 + 3s^2 + 4s + 5}$$

$$H_3(s) = \frac{1}{s^3 + 41.58s^2 + 517s + 1670(1+k)}$$

应用劳斯判据法判断系统的稳定性。

```
% 建立劳斯判据法主程序 2
clc
[RouthTable] = myRouth([1  10  35  50  24])              % 调用子程序,构造劳斯表
[RouthTable] = myRouth([1  2 1 3 4 5])                   % 调用子程序,构造劳斯表
syms k
[RouthTable] = myRouth([1  41.58 517 1670*(1+k)])        % 调用子程序,构造劳斯表
```

运行结果如下:

```
RouthTable =
[  1, 35, 24]
[ 10, 50,  0]
[ 30, 24,  0]
[ 42,  0,  0]
[ 24,  0,  0]


RouthTable =
[    1,    1,   4]
[    2,    3,   5]
[ -1/2,  3/2,   0]
[    9,    5,   0]
```

$$[\ 16/9,\quad 0,\quad 0\ ]$$
$$[\ \ 5,\quad\ 0,\quad 0\ ]$$

RouthTable =

$$[\quad\quad\quad\quad\quad\quad 1,\quad\quad\quad\quad\quad\quad\quad 517\ ]$$
$$[\quad\quad\quad\quad 2079/50,\quad\quad\quad 1670+1670*\text{k}\ ]$$
$$[\ 991343/2079-83500/2079*\text{k},\quad\quad\quad 0\ ]$$
$$[\quad\quad\quad\quad 1670+1670*\text{k},\quad\quad\quad\quad\quad 0\ ]$$

由劳斯表可知，第一个系统是稳定的，第二个系统是不稳定的。第三个系统，当 $-1<k$ <11.8724 时，是稳定的。

设计实例 48　振动脉冲控制

一、基本知识

设无阻尼系统开始时处于静止状态，在单位脉冲激励下的动力学方程为

$$m\ddot{y}+ky=A\delta(t)$$

在另一个时刻 T 又作用一个单位脉冲 $B\delta(t-T)$，试分析系统在脉冲 $B\delta(t-T)$ 作用下停止时刻 T 的取值。

解：

$$m\ddot{y}+ky=A\delta(t)+B\delta(t-T)$$

对该式进行拉普拉斯变换有

$$(ms^2+k)y(s)=A+\text{e}^{-sT}$$

系统的响应为

$$y(s)=\frac{A}{ms^2+k}+\frac{B\text{e}^{-sT}}{ms^2+k}$$

对上式取拉普拉斯逆变换，则有

$$y(t)=\frac{A}{\sqrt{mk}}\sin\sqrt{\frac{k}{m}}t+\frac{B}{\sqrt{mk}}\sin\sqrt{\frac{k}{m}}\cdot(t-T)1(t-T)$$

当

$$T=(2i-1)\pi\sqrt{\frac{m}{k}},i=1,2,\cdots$$

有时，

$$\sin\sqrt{\frac{k}{m}}\cdot(t-T)=\sin\sqrt{\frac{k}{m}}\cdot\left[t-(2i-1)\pi\sqrt{\frac{m}{k}}\right]=\sin\left(\sqrt{\frac{k}{m}}\cdot t-(2i-1)\pi\right)=-\sin\sqrt{\frac{k}{m}}\cdot t$$

因此

$$y(t)=\frac{A}{\sqrt{mk}}\sin\sqrt{\frac{k}{m}}t-\frac{B}{\sqrt{mk}}\sin\sqrt{\frac{k}{m}}t1(t-T)$$

当 $B=A$，$T=(2i-1)\pi\sqrt{\frac{m}{k}}$，$i=1,2,\cdots$时，$y(t)$结果为零，就能使得系统静止。

上述例子说明：在取合适的外力时，可对原系统加以有效控制，这是一种开环控制的思想。

二、仿真实例

设 $m=1$, $k=1$, $A=1$, 可得延迟时间 $T=(2i-1)\pi$, 并取 $i=1$, 即 $T=\pi$。利用两个阶跃函数的组合可以构成一个矩形脉冲, 再通过一个延迟模块, 延迟时间设置为 $T=\pi$, (在 Transport Delay1 模块中的参数 Time delay 设置为 pai) 搭建的仿真框图如图 5-1a 所示, 仿真结果如图 5-1b 所示。

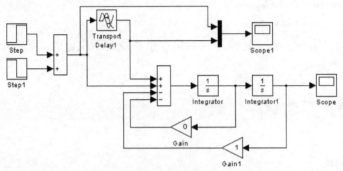

a) 系统控制仿真框图

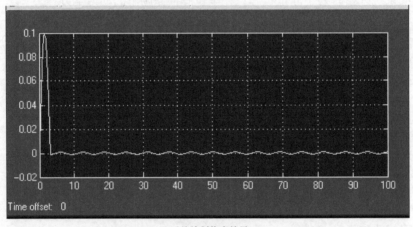

b) 系统控制仿真结果

图　5-1

请读者分析: 如果系统存在阻尼, 则应如何分析脉冲控制时间?

设计实例49　小车的动力学控制问题

一、基本知识

图 5-2 所示为质量 $m=5\mathrm{kg}$ 的小车在水平直线轨道上运动, 不计摩擦, 设小车上装有喷气式发动机, 当小车的速度和位移之和为负时, 则起动左边的发动机; 当小车的速度与位移之和为正时, 则起动右边的发动机。设每一时刻只有一个发动机工作, 发动机在工作时的推力为常数 $k=1$, 开始时小车的位置为 $x_0=12\mathrm{m}$, 控制的目的是使小车始终在原点位置 (该问题类似于卫星的位置控制问题), 试建立该问题的仿真模型, 并记录下小车的位移响应曲

线和小车能停止在原点的时间。

二、仿真实例

建立系统的控制模型

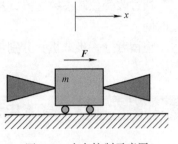

图 5-2　小车控制示意图

$$m\ddot{x} = F,\ \text{即}\ \ddot{x} = \frac{F}{m}$$

其中，

$$F = \begin{cases} 1 & |\dot{x}| + |x| < 0 \\ 0 & |\dot{x}| + |x| < \delta \quad (\delta \ll 1) \\ -1 & |\dot{x}| + |x| > 0 \end{cases}$$

根据数学模型，其控制力和系统的状态变量有关，因此，该问题是一种状态反馈问题。

根据以上数学模型搭建 Simulink 仿真模型，在仿真模型中采用了符号函数（Sign）模块来实现分段加载过程，并采用了逻辑模块和时钟模块来记录小车停止时的时间。仿真模型如图 5-3a 所示。（注：仿真时，去掉 Sign 模块中 Enable zero crossing detection 前面的选择）。仿真结果如图 5-3b 所示。易见，最后停止的时间是 62.27s。

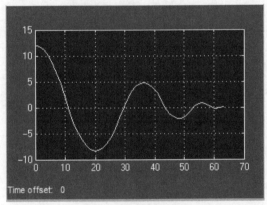

a) 小车控制仿真结果

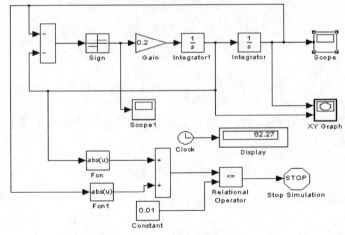

b) 小车控制仿真框图

图　5-3

通过改变控制参数 k 值，从而改变小车的动态响应，取不同的控制参数会影响小车的停止时间。

请读者进一步分析：分别考虑在小车的输入部分和输出部分施加脉冲干扰后的控制情况。

设计实例 50 直流电动机最小耗能规律分析

一、基本知识

直流电动机的简化模型如图 5-4 所示，根据电动机的动力学方程，有

$$K_m I_D - T_F = J_D \frac{\mathrm{d}\omega}{\mathrm{d}t}$$

其中，K_m 为转矩系数；I_D 为驱动电动机的电流；J_D 为转动惯量；ω 是转子角速度；T_F 为恒定的负载转矩。

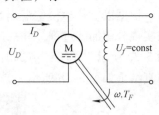

期望在时间区间 $[0, t_f]$ 内，电动机从静止起动，转过一定角度 θ 后停止，使电枢电阻 R_D 上的损耗的能量 $E = \int_0^{t_f} R_D I_D^2(t)\,\mathrm{d}t$ 最小，求 $I_D(t)$。

图 5-4 直流电动机原理图

因为 $I_D(t)$ 是时间的函数，E 又是 I_D 的函数，则该问题属于泛函分析问题。

二、仿真实例

将直流电动机动力学方程化为状态空间模型，取状态变量

$$x_1 = \theta, \; x_2 = \dot{x}_1 = \dot{\theta} = \omega, \; \dot{x}_2 = \dot{\omega} = \frac{K_m}{J_D} I_D - \frac{T_F}{J_D}$$

于是系统的状态空间方程为

$$\begin{pmatrix} \dot{x}_1 \\ \dot{x}_2 \end{pmatrix} = \begin{pmatrix} 0 & 1 \\ 0 & 0 \end{pmatrix} \begin{pmatrix} x_1 \\ x_2 \end{pmatrix} + \begin{pmatrix} 0 \\ \dfrac{K_m}{J_D} \end{pmatrix} I_D + \begin{pmatrix} 0 \\ \dfrac{1}{J_D} \end{pmatrix} T_F \tag{1}$$

初始状态 $\begin{pmatrix} x_1 & (0) \\ x_2 & (0) \end{pmatrix} = \begin{pmatrix} 0 \\ 0 \end{pmatrix}$，末了状态 $\begin{pmatrix} x_1 & (t_f) \\ x_2 & (t_f) \end{pmatrix} = \begin{pmatrix} \theta \\ 0 \end{pmatrix}$，假定控制 I_D 不受限制，为方便分析问题，在本例中设电枢电阻 $R_D = 1\Omega$，现用拉格朗日乘子法计算系统的最优解。

（1）泛函指标

$$J = E = \int_0^{t_f} I_D^2(t)\,\mathrm{d}t \tag{2}$$

（2）引入两个乘子（λ_1，λ_2），则哈密顿函数为

$$H(\boldsymbol{x}, \boldsymbol{\lambda}) = I_D^2 + \lambda^{\mathrm{T}} \left\{ \begin{pmatrix} 0 & 1 \\ 0 & 0 \end{pmatrix} \boldsymbol{x} + \begin{pmatrix} 0 \\ \dfrac{K_m}{J_D} \end{pmatrix} I_D - \begin{pmatrix} 0 \\ \dfrac{1}{J_D} \end{pmatrix} T_F \right\} \tag{3}$$

（3）由控制方程得到

$$\frac{\partial H}{\partial I_D} = 2I_D + (\lambda_1 \quad \lambda_2) \begin{pmatrix} 0 \\ \dfrac{K_m}{J_D} \end{pmatrix} = 0$$

即

$$2I_D + \frac{K_m}{J_D}\lambda_2 = 0$$

得

$$I_D = -\frac{1}{2}\frac{K_m}{J_D}\lambda_2 \tag{4}$$

（4）由伴随方程 $\dot{\boldsymbol{\lambda}} = -\dfrac{\partial H}{\partial \boldsymbol{x}}$，可得

$$\begin{pmatrix} \dot{\lambda}_1 \\ \dot{\lambda}_2 \end{pmatrix} = - (\lambda_1 \quad \lambda_2) \begin{pmatrix} 0 & 1 \\ 0 & 0 \end{pmatrix} = -\begin{pmatrix} 0 \\ \lambda_1 \end{pmatrix}$$

$\dot{\lambda}_1 = 0$，$\lambda_1 = c_1 = \text{const}$，$\dot{\lambda}_2 = -\lambda_1 = -c_1$，$\lambda_2 = -c_1t + c_2$

其中，c_1，c_2 为积分常数，

$$I_D = -\frac{1}{2}\frac{K_m}{J_D} (-c_1t + c_2) \tag{5}$$

（5）由状态方程得

$$\dot{x}_1 = x_2$$

$$\dot{x}_2 = \frac{K_m}{J_D}I_D - \frac{1}{J_D}T_F = \frac{1}{2}\frac{K_m^2}{J_D^2}c_1t - \frac{1}{2}\frac{K_m^2}{J_D^2}c_2 - \frac{1}{J_D}T_F$$

$$x_2 = \frac{1}{4}\frac{K_m^2}{J_D^2}c_1t^2 - \left(\frac{1}{2}\frac{K_m^2}{J_D^2}c_2 + \frac{1}{J_D}T_F\right)t + c_3$$

$$x_1 = \frac{1}{12}\frac{K_m^2}{J_D^2}c_1t^3 - \frac{1}{4}\frac{K_m^2}{J_D^2}c_2t^2 - \frac{1}{2}\frac{1}{J_D}T_Ft^2 + c_3t + c_4$$

其中，c_3，c_4 为积分常数，根据边界条件 $\begin{pmatrix} x_1(0) \\ x_2(0) \end{pmatrix} = \begin{pmatrix} 0 \\ 0 \end{pmatrix}$，$\begin{pmatrix} x_1(t_f) \\ x_2(t_f) \end{pmatrix} = \begin{pmatrix} \theta \\ 0 \end{pmatrix}$确定积分常数，得

$$c_3 = c_4 = 0 \ , \ c_1 = -\frac{24\theta}{t_f^3}\frac{J_D^2}{K_m^2} \ , \ c_2 = -\frac{12\theta}{t_f^2}\frac{J_D^2}{K_m^2} - \frac{2J_D}{K_m^2}T_F$$

将以上常数代入上式，可得

$$\omega(t) = x_2 = \frac{6\theta}{t_f^2}\left[t - \frac{t^2}{t_f}\right], I_D(t) = \frac{1}{K_m}\left[\left(\frac{6\theta J_D}{t_f^2} + T_F\right) - \frac{12\theta J_D}{t_f^3}t\right] \tag{6}$$

设计实例51 具有反馈控制的隔振器响应分析

一、基本知识

在传统的隔振器（积极隔振和消极隔振）的基础上，如果使用反馈控制技术，则可以扩大隔振器的适用范围。隔振器并联一个能产生满足一定要求的作动器，或者用作动器代替

被动隔振装置的部分或全部元件，通过设置控制作动器的参数，达到减振的目的。它特别适用于超低频隔振和高精度隔振。

主动隔振按形式可分为完全主动隔振、半主动隔振和主动反共振隔振等；按采用的作动器可分为电液伺服型、机电型、电磁型、伺服气垫型、磁悬浮型和电流变流体、磁致伸缩材料型、压电材料型等；按控制器的设计方法又可分为频域法和时域法。主动隔振器在使用中还可以分为主动位移隔振和基础位移隔振两种类型，下面分别讨论。

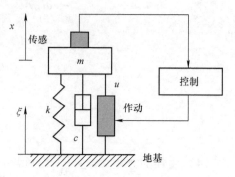

图 5-5　隔振器控制原理图

图 5-5 所示为单自由度系统主动位移隔振原理图，图中 ξ 为基础激励，k 为隔振弹簧的刚度，x 为隔振对象的位移，m 为隔振对象的质量，隔振对象的动力学方程为

$$m\ddot{x} + c(\dot{x} - \dot{\xi}) + k(x - \xi) = u(t) \tag{1}$$

其中，$u(t)$ 为作动器的控制力，对式（1）两边取拉普拉斯变换，即

$$(ms^2 + cs + k)x(s) - (cs + k)\xi(s) = u(s) \tag{2}$$

下面定义无控制和有控制的位移传递函数。

未控制时，系统的传递函数为

$$H_0(s) = \frac{x(s)}{\xi(s)} = \frac{cs + k}{ms^2 + cs + k} \tag{3}$$

有控制时，设控制力为

$$u(s) = -w(s)x(s)$$

代入式（2）可得有控制时系统的传递函数为

$$H_1(s) = \frac{x(s)}{\xi(s)} = \frac{cs + k}{(ms^2 + cs + k) + w(s)} \tag{4}$$

选取不同的 $w(s)$ 可以得到不同的隔振效果。

二、仿真实例

根据上述理论，现在分析一个实际的例子，设隔振器的质量 $m = 30\text{kg}$，刚度系数 $k = 240\text{N/m}$，阻尼系数 $c = 50\text{N·s/m}$，设控制力与输出关系为 $u(s) = -w(s)x(s)$，其中 $w(s)$ 为 $w(s) = (k_a s^2 + k_d s + k_p)$，若取 $k_a = 60$，$k_d = 150$，$k_p = 150$，可得有控制系统的传递函数为

$$H_1(s) = \frac{x(s)}{\xi(s)} = \frac{cs + k}{(m + k_a)s^2 + (c + k_d)s + k + k_p}$$

通过仿真可得到图 5-6 所示的有控制和无控制两种情况下的频率响应特性曲线。

由图 5-6 可知，在有控制力作用下，在全部频带内，都可以得到很好的减振效果。

读者还可以进一步选择控制力，如果选取控制力模型为

$$u(s) = -w(s)\xi(s)$$

则可进一步分析减振效果。

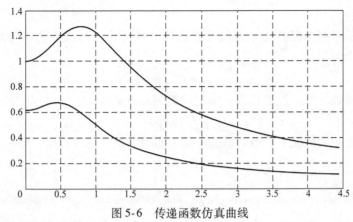

图 5-6　传递函数仿真曲线

% 以下为仿真脚本文件。

$m = 30$; $k = 240$; $c = 120$;

$ka = 60$; $kd = 150$; $kp = 150$;

num0 = [c k];　　　　　% 传递函数的分子多项式系数

den0 = [m　c　k];

num1 = [c k];　　　　　% 传递函数的分子多项式系数

den1 = [m + ka　c + kd　k + kp];

w = 0.005 : 0.001 : 4 ∗ pi;　% 频率分辨率和频率范围

p0 = sqrt(k/m);　　　　% 系统固有频率

% –

Gw0 = polyval(num0, j ∗ w)./polyval(den0, j ∗ w);　% 无控制系统频率响应

mag0 = abs(Gw0);

% plot(w/p0, mag0), grid on hold

Gw1 = polyval(num1, j ∗ w)./polyval(den1, j ∗ w);　% 有控制系统频率响应

mag1 = abs(Gw1);

plot(w/p0, mag0, w/p0, mag1), grid on

设计实例52　直流伺服电动机转速 PID 控制系统仿真

一、基本知识

1. 直流伺服电动机的基本原理

直流伺服电动机由定子和转子构成，定子中有励磁线圈以提供磁场，转子中有电枢线圈。在一定的磁场力作用下，通过改变电枢电流即可以改变电动机的转速。图 5-7 所示为直流伺服电动机原理简图。其中，R_a 为电枢阻，L_a 为电枢电感，i_a 为电枢电流，u_a 为电枢外电压，u_b 为电枢电动势，i_f 为励磁电流，T 为电动机转矩，J 为电动机转子转动惯量，c 为电动机和负载的黏性阻尼系数。

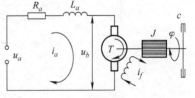

图 5-7　直流伺服电动机原理简图

2. 系统模型

电动机的转矩 T 与电枢电流 i_a 和气隙磁通量 ψ 成正比，而磁通量 ψ 与励磁电流 i_f 成正比，即

$$T = k_l i_a \psi, \qquad \psi = k_f i_f$$

其中，k_l 是励磁系数，k_f 是磁通系数。则电动机驱动力矩为

$$T = k_l k_f i_a i_f$$

在励磁电流等于常数的情况下，电动机的驱动力矩与电枢电流成正比，即

$$T = K i_a$$

其中，K 为常数。即

$$K = k_l k_f i_f$$

当电动机转动时，在电枢中会产生反向电动势，其大小与转子的转动角速度成正比，即

$$u_b = k_b \omega \tag{1}$$

其中，k_b 是反向电动势常数。根据回路定律，可以得到电枢电路的微分方程为

$$L_a \frac{\mathrm{d}i_a}{\mathrm{d}t} + R_a i_a + k_b \omega = u_a \tag{2}$$

转子的角速度的动力学方程为

$$J \frac{\mathrm{d}\omega}{\mathrm{d}t} + c\omega = K i_a \tag{3}$$

应该注意到式（2）与式（3）是耦合方程，转矩取决于电流 i_a，但是这个电流与角速度构成一微分方程。

二、仿真实例

电动机的角速度控制可以方便地采用 PID 控制，设电枢线圈电阻 $R_a = 3\Omega$，电枢线圈的电感 $L_a = 1\mathrm{H}$，$k_b = 1$，电动机转矩常数 $K = 1\mathrm{N \cdot m/A}$，电动机转子转动惯量 $J = 21\mathrm{kg \cdot m^2}$，电动机转子的黏性摩擦系数 $c = 1\mathrm{N \cdot m/s}$。采用 PID 控制电动机的电压 u_a，从而达到控制电动机的角速度，取控制参数为（1，1，0），建立图 5-8a 所示的直流伺服电动机转速 PID 控制仿真框图，仿真结果如图 5-8b 所示。图 5-8a 所示是按式（2）和式（3）搭建的的机电

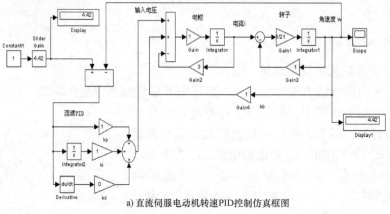

a) 直流伺服电动机转速PID控制仿真框图

图　5-8

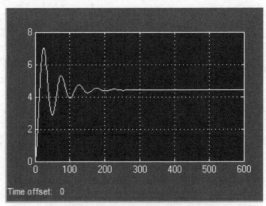

b) 直流伺服电动机转速PID控制仿真结果

图 5-8（续）

耦合仿真图，对应的微分方程为

$$\frac{\mathrm{d}i_a}{\mathrm{d}t} + 3i_a + \omega = u_a, \quad 21\frac{\mathrm{d}\omega}{\mathrm{d}t} + \omega = i_a$$

设计实例53 汽车速度调节 PID 控制系统仿真

一、基本知识

PID 在控制领域中经常被采用，其主要原理是通过将反馈信号（比例）放大、微分和积分，再施加给系统的输入端，以得到满足某种指标的动态特性。

二、仿真实例

汽车的速度控制按图 5-9a 所示建立仿真框图，可以方便地采用 PID 控制得到控制效果，其中的 PID 子系统采用了离散模块。调节 PID 参数，观察输出结果，并分析各参数对输出的影响。

汽车的速度模型为

$$m\frac{\mathrm{d}v}{\mathrm{d}t} + bv = f(t)$$

其中，m 是汽车的质量；v 是汽车的速度；b 是阻尼系数；$f(t)$ 是被控力。

取：$m = 1000\mathrm{kg}$，v 是通过可调节参数模块 Slider Gain 来模拟期望速度，假定汽车速度的调节范围是 $v = (50x + 45)$ km/h，其中 $0 \leqslant x \leqslant 1$。阻尼系数 $b = 20\mathrm{N}\cdot\mathrm{s/m}$。

仿真模型 1：建立图 5-9a 所示的仿真框图，设 Slider Gain $= 0.3594$，可得到将速度控制在 $62.97\mathrm{km/h}$，设 PID 控制参数为 $k_i = 2$，$k_d = 1$，$k_p = 20$。

在图 5-9b 中，Scope 是速度变化曲线，Scope1 是力的变化曲线图。

仿真模型 2：为了分别观察随 PID 参数变化情况下对汽车速度的控制效果，建立仿真图如图 5-10 所示，其中图 5-10a 所示是模型文件，将三个部分分成子系统，其中的 PID 和汽车的动力学模型封装成子系统 Subsystem1 和 Suabsystem2，并保存模型文件名为 unt53。

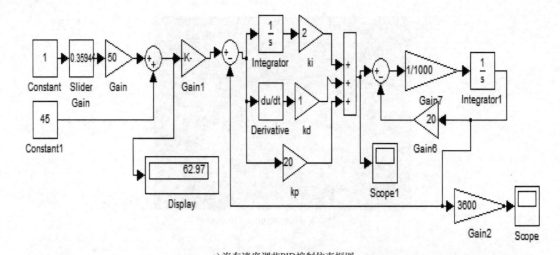

a) 汽车速度调节PID控制仿真框图

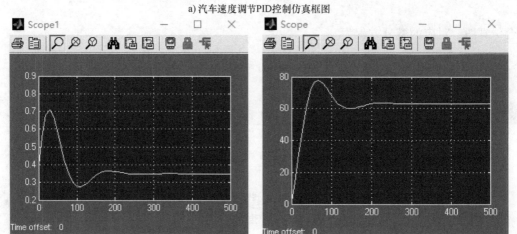

b) 汽车速度调节PID控制仿真结果(力的变化曲线和速度变化曲线图)

图 5-9

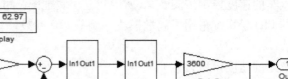

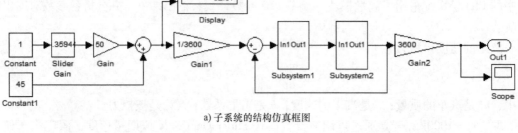

a) 子系统的结构仿真框图

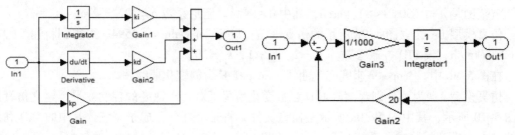

b) 子系统1的结构框图　　　　　　　　　　c) 子系统2的结构框图

图 5-10

下面编写一个脚本文件来计算显示图形，设 PID 控制参数 $k_i = 0.5$，$k_d = 1$，$p = k_p$（参数 k_p 的取值范围为 0 到 25，间隔为 5），通过脚本文件来调用模型文件，脚本文件如下：

```
clc
ki = 0.5;
kd = 1;
for kp = 0:5:25;
    [t,x,y] = sim('unt53',[0:0.01:1000]);    % 调用模型文件，仿真时间为 0 - 1000（秒），步长
0.01（秒）
    subplot(3,2,kp/5 + 1)
    plot(t,y),grid
    ylabel(['kp = ',num2str(kp)]);
    xlabel('t/s')
end
```

不同 PID 控制参数的计算结果曲线图如图 5-11 所示。

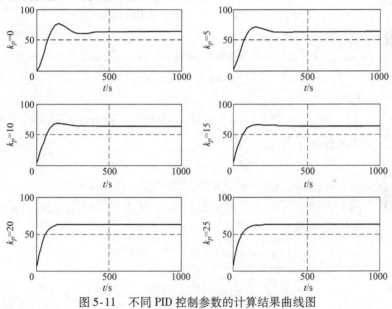

图 5-11　不同 PID 控制参数的计算结果曲线图

设计实例 54　非线性汽车速度控制

一、基本知识

设汽车行驶在斜坡上，通过受力分析可知在平行于斜坡的方向上有三个力作用于汽车上：发动机的驱动力 F_e、空气阻力 F_w 和重力沿斜面的分量下滑力 F_k，设计汽车控制系统并进行仿真。

二、仿真实例

汽车的运动方程为

$$m\ddot{x} = F_e - F_w - F_k$$

发动机驱动力 F_e 在实际系统中总会有下界和上界，上界为发动机的最大推动力，下界为制动时的最大制动力。假定 $-2000\mathrm{kN} < F_e < 1000\mathrm{kN}$。

空气阻力 F_w 的值为阻力系数 c、汽车前截面面积 A 和动力学压力 P 三项的乘积，而压力 $P = \frac{1}{2}\rho v^2$，其中 ρ 表示空气的密度，v 表示汽车速度与风速之和，则

$$F_w = cAP = \frac{1}{2}\rho v^2 cA$$

假设

$$\frac{1}{2}cA\rho = 0.001$$

且风速按下式的规律变化：

$$V_w = 20\sin(0.01t)$$

因此，空气阻力可以近似为

$$F_w = 0.001\left[\dot{x} + 20\sin(0.01t)\right]^2$$

假设路面的斜角与位移间的变化规律为

$$\theta = 0.0093\sin(0.0001x)$$

下滑力

$$F_k = mg\sin(\theta(x))$$

则非线性动力学方程为

$$m\ddot{x} = F_e - 0.001\left[\dot{x} + 20\sin(0.01t)\right]^2 - mg\sin(\theta(x))$$

用简单的比例控制法来控制车速

$$u(t) = K(\dot{x}_{md} - \dot{x})$$

其中，$u(t)$ 为驱动力，$\dot{x}_{md}$ 为期望速度值，K 为反馈增益，选取 $K = 50$。

发动机输出力的上界和下界由两个最值模块来实现（也可以用非线性模块库中的饱和模块来实现），如图 5-12 所示。

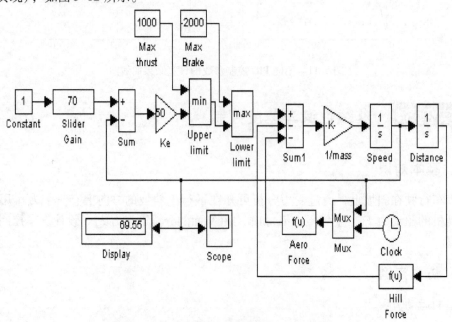

图 5-12　非线性汽车速度控制仿真框图

也可以使用离散形式的 PID，如图 5-13a 所示，其中的微分形式为

$$u_d = \frac{v(k) - v(k-1)}{T}$$

或者转化为离散系统的传递函数模型　　$H(z) = \frac{U_d(z)}{V(z)} = \frac{K_d}{T} \frac{z-1}{z}$

可得驱动力和速度时程曲线如图 5-13b 所示。

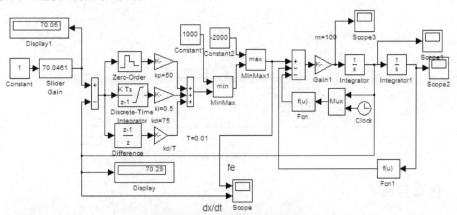

a) 非线性汽车速度控制仿真框图

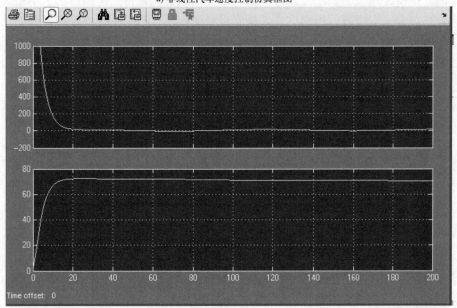

b) 非线性汽车速度控制仿真结果

图　5-13

设计实例 55　倒立摆的控制

一、基本知识

倒立摆是处于倒置不稳定状态的系统，通过人为控制可使其处于动态平衡，例如：杂技

演员顶杆表演的物理机制即可简化为一级倒立摆系统。一般的倒立摆是一个复杂、多变量、存在严重非线性、非自治不稳定系统。如图 5-14 所示，常见的倒立摆系统一般由小车和摆杆两部分构成，其中摆杆可能是一级、两级甚至多级的。在复杂的倒立摆系统中，摆杆长度和质量均可变化。根据研究目的和方法的不同，又有悬挂式倒立摆、球平衡倒立摆和平行式倒立摆等。

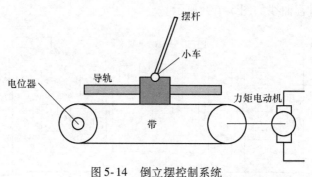

图 5-14　倒立摆控制系统

二、仿真实例

小车倒立摆系统是检验控制方式好坏的一个典型对象，其特点是高阶次、不稳定、非线性、强耦合，只有采取有效的控制方式才能实现稳定控制。小车倒立摆系统可以简化为如图 5-15 所示的模型。其中，M 为小车的质量，u 为施加在小车上的控制力，m 为和小车铰接的均质杆的质量，x 为小车的水平位移，θ 是杆的转角。

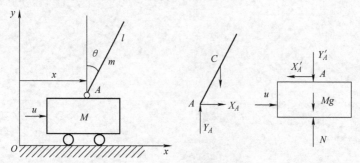

图 5-15　小车倒立摆模型

为了建立倒立摆系统的数学模型，先做如下假设：①倒立摆与摆杆均为均质刚体；②忽略摆与载体以及载体与外界的摩擦，即忽略摆轴、轮轴、轮与接触面之间的摩擦，于是有：
杆绕质心旋转的动力学方程为

$$J\ddot{\theta} = Y_A l\sin\theta - X_A l\cos\theta \tag{1}$$

摆杆的质心运动动力学方程为

$$\begin{cases} m\dfrac{\mathrm{d}^2}{\mathrm{d}t^2}(x + l\sin\theta) = X'_A \\ m\dfrac{\mathrm{d}^2}{\mathrm{d}t^2}(l\cos\theta) = Y'_A - mg \end{cases} \tag{2}$$

小车水平直线运动动力学方程为

$$M\ddot{x} = u - X_A$$

在杆的角度摆动较小的情况下，可以对式（1）、式（2）进行近似线性化处理，即 $\sin\theta \approx \theta$，$\cos\theta \approx 1$，则得

$$X'_A = m(\ddot{x} + l\ddot{\theta})，\quad Y'_A = mg，\quad J\ddot{\theta} = Y_A l\theta - X_A l$$

消去 X_A，Y_A，得

$$\begin{cases} (J + ml^2)\ddot{\theta} = mgl\theta - ml\ddot{x} \\ (m + M)\ddot{x} = u - ml\ddot{\theta} \end{cases}$$

消去 $\ddot{x}$，整理后得

$$(J + ml^2)\ddot{\theta} = mgl\theta - \frac{ml}{M + m}(u - ml\ddot{\theta})$$

即

$$[(J + ml^2)(M + m) - m^2l^2]\ddot{\theta} = (M + m)mgl\theta - mlu$$

解得

$$\begin{cases} \ddot{\theta} = \dfrac{(M + m)mgl}{(M + m)J - Mml^2}\theta - \dfrac{ml}{(M + m)J - Mml^2}u \\ \ddot{x} = \dfrac{-m^2l^2g}{(M + m)J - Mml^2}\theta + \dfrac{(J + ml^2)}{(M + m)J - Mml^2}u \end{cases} \tag{3}$$

设摆杆的质量 $m = 0.1\text{kg}$，摆杆的长度 $l = 0.5\text{m}$；小车的质量 $M = 1\text{kg}$；重力加速度 $g = 10\text{m/s}^2$；摆杆的转动惯量 $J = 0.003\text{kg} \cdot \text{m}^2$。

取状态变量 $\boldsymbol{X} = (x \quad \dot{x} \quad \theta \quad \dot{\theta})^T$，则得开环系统的状态空间模型如下：

当小车静止时（$\boldsymbol{u} = 0$），系统处于不稳定平衡状态；故需要施加控制力 $\boldsymbol{u}$，使系统能处于稳定状态。此处利用状态反馈控制，控制模型为 $\boldsymbol{u} = \boldsymbol{r}(t) - \boldsymbol{kX}$。由有关稳定性理论，可得反馈系数 $\boldsymbol{k} = (-90.5734 \quad -40.7568 \quad -172.6602 \quad -36.4072)$。按照式（3），在 Simulink 中选取相应模块，构造控制系统仿真模型如图 5-16a 所示。在图 5-16b 中，同时在摆杆和小车上加以脉冲扰动，得到控制力、摆杆和小车的位移响应曲线。

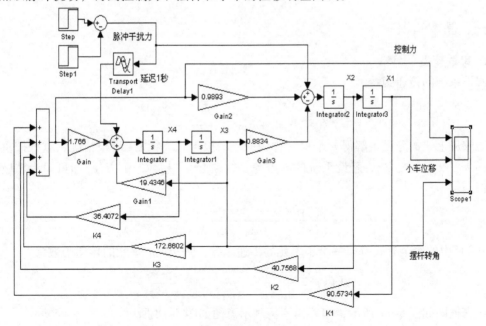

a) 倒立摆控制仿真框图

图　5-16

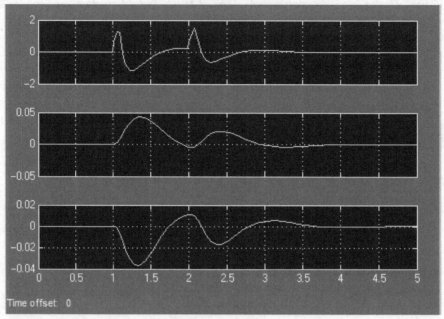

b) 倒立摆控制响应曲线

图 5-16（续）

从以上结果中可以看到：当倒立摆在外脉冲干扰作用下，通过反馈控制，系统能很快地恢复到稳定状态。

设计实例56 系统串并联模型仿真（复数模块）

一、基本知识

1. 串联模型

假设系统的传递函数为

$$H(s) = \frac{c_0 s^{n-1} + c_1 s^{n-2} + \cdots + c_{n-1}}{s^n + a_1 s^{n-1} + \cdots + a_n} \tag{1}$$

如果能够从上式的分母中解得 n 个根（称为系统的极点），并设无重根情况，重根按重数计算，即 λ_1、λ_2、$\cdots$、λ_n，且设系统的零点为 z_1、z_2、$\cdots$、z_{n-1}，则 $H(s)$ 即可写为零极点形式，即

$$H(s) = \frac{y(s)}{u(s)} = \frac{s - z_1}{s - \lambda_1} \cdot \frac{s - z_2}{s - \lambda_2} \cdot \cdots \cdot \frac{1}{s - \lambda_n} \tag{2}$$

将式（2）中的每个分式看成一个子单元的传递函数，则第 i 个单元的传递函数为

$$H_i(s) = \frac{y_i(s)}{u_i(s)} = \frac{y_i(s)}{y_{i-1}(s)} = \frac{s - z_i}{s - \lambda_i}$$

单元仿真框图如图 5-17 所示，串联模型仿真示意图如图 5-18 所示。

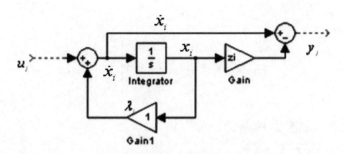

图 5-17 串联模型单元仿真框图

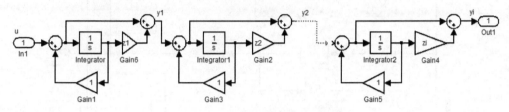

图 5-18 串联模型仿真示意图

2. 并联模型

假设系统的传递函数为

$$H(s) = \frac{c_0 s^{n-1} + c_1 s^{n-2} + \cdots + c_{n-1}}{s^n + a_1 s^{n-1} + \cdots + a_n}$$

如果能够从上式（传递函数）的分母中解得 n 个根（称为系统的极点），并设无重根情况，即 λ_1、λ_2、$\cdots$、λ_n，则 $H(s)$ 即可写为留数形式：

$$H(s) = \frac{y(s)}{u(s)} = \frac{k_1}{s - \lambda_1} + \frac{k_2}{s - \lambda_2} + \cdots + \frac{k_n}{s - \lambda_n} \tag{3}$$

其中的各个系数可以由下式求得：

$$k_i = \lim_{s \to \lambda_i} H(s) \times (s - \lambda_i) \quad (i = 1, 2, \cdots, n)$$

为了写出对应的状态空间模型，引进 n 个状态变量 x_1、x_2、$\cdots$、x_n。令

$$x_i = \frac{u(s)}{s - \lambda_i} \quad \text{或} \quad sx_i(s) = \lambda_i x_i(s) + u(s) \tag{4}$$

对式（4）的每一个表达式均乘以对应的 k_i 后相加，则式（3）可写成

$$y(s) = k_1 x_1(s) + k_2 x_2(s) + \cdots + k_n x_n(s) \tag{5}$$

对式（4）和式（5）进行拉普拉斯逆变换，得

$$\dot{x}_i = \lambda_i x_i + u \quad (i = 1, 2, \cdots, n)$$

$$y = k_1 x_1 + k_2 x_2 + \cdots + k_n x_n$$

将这两个式子写为矩阵形式，即可得到该传递函数转化的状态空间方程为

$$\begin{pmatrix} \dot{x}_1 \\ \dot{x}_2 \\ \vdots \\ \dot{x}_n \end{pmatrix} = \begin{pmatrix} \lambda_1 & & & \\ & \lambda_2 & & \\ & & \ddots & \\ & & & \lambda_n \end{pmatrix} \begin{pmatrix} x_1 \\ x_2 \\ \vdots \\ x_n \end{pmatrix} + \begin{pmatrix} 1 \\ 1 \\ \vdots \\ 1 \end{pmatrix} u$$

输出方程为

$$y = (k_1 \quad k_2 \quad \cdots \quad k_n) \begin{pmatrix} x_1 \\ x_2 \\ \vdots \\ x_n \end{pmatrix}$$

并联模型下的仿真框图如图 5-19 所示。

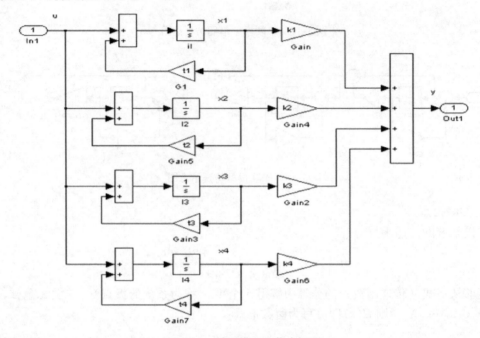

图 5-19　并联模型的仿真框图

二、仿真实例

设双自由度系统如图 5-20 所示，试建立基础位移 $u(t)$ 引起的振动问题 x_2 的响应。已知 $m_1 = 10\text{kg}$，$m_2 = 100\text{kg}$，$c_1 = c_2 = 50\text{kg/s}$，$k_1 = 50\text{N/m}$，$k_2 = 200\text{N/m}$。

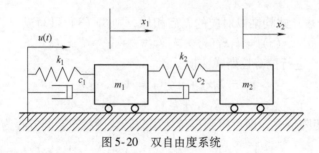

图 5-20　双自由度系统

（1）建立系统的数学模型

$$\begin{cases} m_1 \ddot{x}_1 = - k_1 (x_1 - u) - c_1 (\dot{x} - \dot{u}) + k_2 (x_2 - x_1) + c_2 (\dot{x}_2 - \dot{x}_1) \\ m_2 \ddot{x}_2 = - k_2 (x_2 - x_1) - c_2 (\dot{x}_2 - \dot{x}_1) \end{cases}$$

将数值代入，简化后得

$$\begin{cases} \ddot{x}_1 + 15\dot{x}_1 + 25x_1 = 5u + 5\dot{u} + 20x_2 + 10\dot{x}_2 \\ \ddot{x}_2 + \dot{x}_2 + 2x_2 = \dot{x}_1 + 2x_1 \end{cases}$$

对上述两个方程取拉普拉斯变换，得

$$\begin{cases} (s^2 + 15s + 25)x_1(s) = 5(s + 1)u(s) + 10(s + 2)x_2(s) \\ (s^2 + s + 2)x_2(s) = (s + 2)x_1(s) \end{cases} \tag{6}$$

由式（6）第二式解得

$$x_1(s) = \frac{s^2 + s + 2}{s + 2}x_2(s)$$

将上式代入式（6）的第一式，得

$$(s^2 + 15s + 25)\frac{s^2 + s + 2}{s + 2}x_2(s) = 5(s + 1)u(s) + 10(s + 2)x_2(s)$$

整理后得

$$(s^4 + 16s^3 + 42s^2 + 55s + 50)x_2(s) = 5(s^2 + 3s + 2)u(s) + 10(s + 2)^2 x_2(s)$$

即

$$(s^4 + 16s^3 + 32s^2 + 15s + 10)x_2(s) = 5(s^2 + 3s + 2)u(s) \tag{7}$$

由式（7）可得系统的传递函数为

$$H(s) = \frac{x_2(s)}{u(s)} = \frac{5s^2 + 15s + 10}{s^4 + 16s^3 + 32s^2 + 15s + 10}$$

（2）建立系统的状态空间模型

利用 Matlab 程序求解系统的状态空间方程，编写脚本文件如下：

```
num = [5 15 10];
den = [1 16 32 15 10];
[A,B,C,D] = tf2ss(num,den)
G = ss(A,B,C,D)
```

运行结果为

$$\begin{aligned} A &= \begin{array}{cccc} -16 & -32 & -15 & -10 \\ 1 & 0 & 0 & 0 \\ 0 & 1 & 0 & 0 \\ 0 & 0 & 1 & 0 \end{array} \\ B &= \begin{bmatrix} 1 & 0 & 0 & 0 \end{bmatrix}^T \\ C &= \begin{array}{cccc} 0 & 5 & 15 & 10 \end{array} \\ D &= 0 \end{aligned}$$

（3）建立系统的串并联模型

借助 Matlab 程序求解上述传递函数的零点和极点，脚本文件为

```
numG = [5 15 10];
denG = [1 16 32 15 10];
G = tf(numG,denG)
```

$[zG,pG,kG] = zpkdata(G,'v')$

$[r,p,k] = residue(numG,denG)$

运行结果为

zG =

-2

-1

pG =

-13.7479

-1.9078

$-0.1722 + 0.5930i$

$-0.1722 - 0.5930i$

kG =

5

r =

-0.3425

-0.0105

$0.1765 - 0.2800i$

$0.1765 + 0.2800i$

p =

-13.7479

-1.9078

$-0.1722 + 0.5930i$

$-0.1722 - 0.5930i$

则系统的零极点模型为

$$H(s) = \frac{5(s+1)(s+2)}{(s+13.7479)(s+1.9078)(s+0.1722-0.5930i)(s+0.1722+0.5930i)}$$

系统的留数模型为

$$H(s) = \frac{-0.3425}{s+13.7479} + \frac{-0.0105}{s+1.9078} + \frac{0.1765-0.2800i}{s+0.1722-0.5930i} + \frac{0.1765+0.2800i}{s+0.1722+0.5930i}$$

（4）串联仿真模型如图 5-21a 所示。

子系统 System1 内部结构如图 5-21b 所示。

子系统 System1 内部 Fushujifen 1 内部结构如图 5-21c 所示，其他子系统 System2、System3、System4 和 System1 的结构相同，内部参数需要按实际改写。

Scope 响应如图 5-21d 所示。

（5）并联仿真模型如图 5-22a 所示。

子系统 subsystem 内部结构如图 5-22b 所示。

子系统 subsystem 中的 Fushujifen 内部结构如图 5-22c 所示。

其他子系统 subsystem1、subsystem2、subsystem3 可以按照 subsystem 的内部结构搭建（需要按传递函数中的值改写），并联模型仿真结果如图 5-22d 所示。

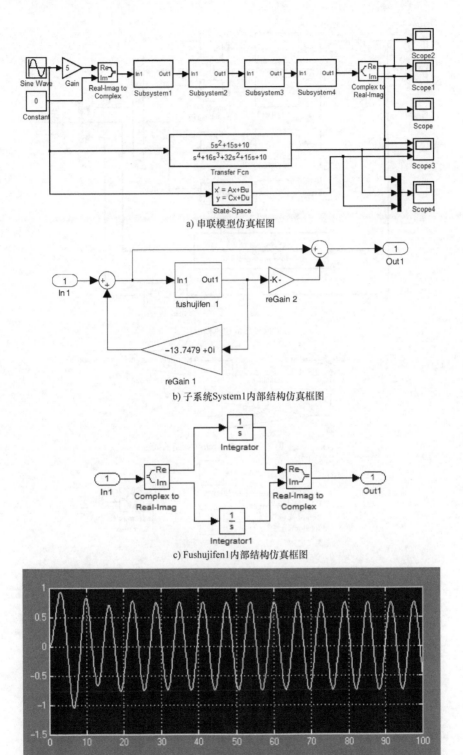

a) 串联模型仿真框图

b) 子系统System1内部结构仿真框图

c) Fushujifen1内部结构仿真框图

d) 串联模型仿真结果

图 5-21

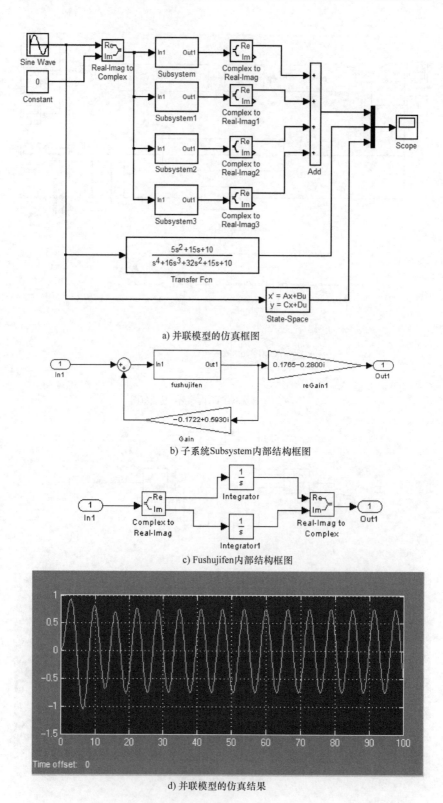

a) 并联模型的仿真框图

b) 子系统Subsystem内部结构框图

c) Fushujifen内部结构框图

d) 并联模型的仿真结果

图　5-22

设计实例57 二自由度车辆悬架系统的最优控制

一、基本知识

设对于线性定常系统:

$$\dot{x} = Ax + Bu$$

初始条件为

$$x(t_0 = 0) = x_0, \ x(t_f \to \infty) = 0$$

性能指标取

$$J = \frac{1}{2}\int_0^{t_f}(x^{\mathrm{T}}Qx + u^{\mathrm{T}}Ru)\,\mathrm{d}t$$

则可以得到最优控制规律:

$$u = -R^{-1}B^{\mathrm{T}}kx(t) = -Gx$$

其中,Q,R 为加权矩阵,G 是反馈控制矩阵。根据黎卡提方程

$$kA + A^{\mathrm{T}}k - kBR^{-1}B^{\mathrm{T}}k + Q = 0$$

可求得黎卡提方程的解 k,其中 k 是黎卡提方程的解矩阵。在简单情况下,黎卡提方程可以手工求解。Matlab 中有专用函数用于求解黎卡提方程,该函数也能直接计算反馈矩阵 G。

二、仿真实例

将汽车简化为二自由度模型,如图 5-23 所示。为了减少在行驶过程中路面的凹凸不平度带给悬架的振动,在悬架与车轴之间安装控制器。现在采用最优控制方法,分析、控制悬架在脉冲激励和简谐激励下的动态响应。

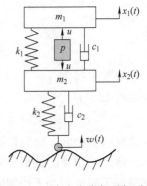

图 5-23 二自由度车辆悬架系统

解:二自由度车辆悬架系统的动力学方程为

$$m_1\ddot{x}_1 = k_1(x_2 - x_1) + c_1(\dot{x}_2 - \dot{x}_1) + u \quad (1)$$
$$m_2\ddot{x}_2 = -k_1(x_2 - x_1) - c_1(\dot{x}_2 - \dot{x}_1) +$$
$$k_2(w - x_2) - c_2(\dot{w} - \dot{x}_2) - u \quad (2)$$

方程(2)是一个具有输入导数的动力学方程。

根据具有输入导数的状态变量的选取方法,可以取如下状态变量:

$$y_1 = x_1, \ y_2 = x_2, \ y_3 = \dot{x}_1, y_4 = \dot{x}_2 - \frac{c_2}{m_2}w$$

则状态空间方程可简写为

$$\dot{y} = Ay + Bu + Dw$$

输出方程为

$$z = Cx$$

各矩阵元素如下:

$$A = \begin{pmatrix} 0 & 0 & 1 & 0 \\ 0 & 0 & 0 & 1 \\ -\dfrac{k_1}{m_1} & \dfrac{k_1}{m_1} & -\dfrac{c_1}{m_1} & \dfrac{c_1}{m_1} \\ \dfrac{k_1}{m_2} & -\dfrac{k_1 + k_2}{m_2} & \dfrac{c_1}{m_2} & -\dfrac{c_1 + c_2}{m_2} \end{pmatrix}, B = \begin{pmatrix} 0 \\ 0 \\ \dfrac{1}{m_1} \\ -\dfrac{1}{m_2} \end{pmatrix}$$

$$D = \begin{pmatrix} \dfrac{c_2}{m_2} \\[2mm] \dfrac{c_2}{m_2} \\[2mm] \dfrac{c_1 c_2}{m_1 m_2} \\[2mm] \dfrac{k_2}{m_2} - \left(\dfrac{c_2}{m_2}\right)^2 - \dfrac{c_1 c_2}{m_2^2} \end{pmatrix}, \quad C = \begin{pmatrix} 1 & 0 & 0 & 0 \\ 0 & 1 & 0 & 0 \end{pmatrix}$$

设 $m_1 = 2500\text{kg}$，$m_2 = 320\text{kg}$，$c_1 = 14000\text{kg/s}$，$c_2 = 1000\text{kg/s}$，$k_1 = 10000\text{N/m}$，$k_2 = 10k_1$，得

$$A = \begin{pmatrix} 0 & 0 & 1 & 0 \\ 0 & 0 & 0 & 1 \\ -4 & 4 & -5.6 & 5.6 \\ 31.25 & -343.75 & 43.75 & -46.88 \end{pmatrix}, B = \begin{pmatrix} 0 \\ 0 \\ 0.0004 \\ -0.0031 \end{pmatrix}, D = \begin{pmatrix} 0 \\ 0.31 \\ 1.75 \\ 166 \end{pmatrix}$$

使用二次型最优控制指标：

$$J = \int_0^{+\infty} (x^\mathrm{T} Q x + u^\mathrm{T} R u)\,\mathrm{d}t$$

其中 $\qquad Q = \mathrm{diag}(q_1 \quad q_2 \quad q_3 \quad q_4)$，$R = 1$

取 $\qquad q_1 = 350 \times 10^8$，$q_2 = 0$，$q_3 = 0$，$q_4 = 0$

求解黎卡提方程的 Matlab 指令为 $[\mathrm{K},\mathrm{P}] = \mathrm{lqr}(\mathrm{A},\mathrm{B},\mathrm{Q},\mathrm{R})$

此处 K 是黎卡提方程的解，P 是系统特征根。于是可得最优控制系数为

$$G = 10 \times 10^5 \times (5.8169 \quad -1.6741 \quad 0.7737 \quad 0.0533)$$

搭建的 Simulink 仿真框图如图 5-24a 所示：其中的外部激励为宽度 0.1s，高度 0.005m 的脉冲激励，仿真图的下半部分是无控制的仿真图，上半部分是有控制的仿真图。通过仿真分别得到了有控制和无控制时上层悬架的振动响应，如图 5-24b 所示，由图可见：最优控制使得悬架的振幅大大降低。

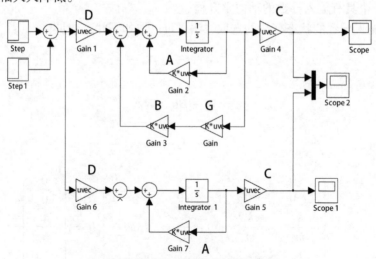

a) 二自由度车辆悬架系统最优控制的仿真框图

图 5-24

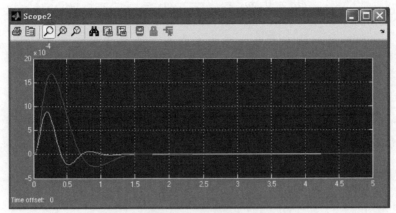

b) 二自由度车辆悬架系统最优控制的仿真结果

图 5-24（续）

设计实例 58 转子振动模态控制法

一、基本知识

振动模态控制法是根据振动理论的模态分析方法实现控制的，其实施步骤是：先将耦合动力学方程通过矩阵变换，将其变换为模态坐标下的非耦合方程；然后在单自由度系统中即可以方便地采用控制方法来设计控制规律，最后再将结果转换到物理空间中，达到控制目的。

二、仿真实例

图 5-25 所示为三盘无阻尼扭振系统。由于系统有一个刚体转动模态，另有两个圆盘的相对扭转模态，通过在各个圆盘施加主动控制力偶以便提供模态

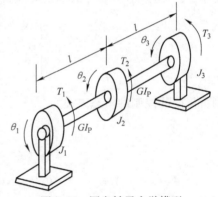

图 5-25 圆盘转子力学模型

阻尼，使得系统成为渐近稳定状态（设各段轴的扭转刚度为 GI_P，圆盘之间的距离为 L，圆盘的转动惯量为 J）。

解：该系统的动力学方程为

$$\begin{pmatrix} J & 0 & 0 \\ 0 & J & 0 \\ 0 & 0 & J \end{pmatrix}\begin{pmatrix} \ddot{\theta}_1 \\ \ddot{\theta}_2 \\ \ddot{\theta}_3 \end{pmatrix} + \frac{GI_P}{L}\begin{pmatrix} 1 & -1 & 0 \\ -1 & 2 & -1 \\ 0 & -1 & 1 \end{pmatrix}\begin{pmatrix} \theta_1 \\ \theta_2 \\ \theta_3 \end{pmatrix} = \begin{pmatrix} T_1 \\ T_2 \\ T_3 \end{pmatrix} \tag{1}$$

各阶固有频率为

$$\omega_1 = 0, \ \omega_2 = \sqrt{\frac{GI_P}{JL}}, \ \omega_3 = \sqrt{\frac{3GI_P}{JL}}$$

各阶振型为

$$\varphi_1 = \frac{1}{\sqrt{3J}}\begin{pmatrix} 1 \\ 1 \\ 1 \end{pmatrix}, \ \varphi_2 = \frac{1}{\sqrt{2J}}\begin{pmatrix} 1 \\ 0 \\ -1 \end{pmatrix}, \ \varphi_3 = \frac{1}{\sqrt{6J}}\begin{pmatrix} 1 \\ -2 \\ 1 \end{pmatrix}$$

显然系统属于不稳定状态，下面采用极点配置法使系统处于稳定状态。

系统的模态方程为

$$\begin{cases} \ddot{q}_1 = F_1 \\ \ddot{q}_2 + \omega_2^2 q_2 = F_2 \\ \ddot{q}_3 + \omega_3^2 q_3 = F_3 \end{cases} \tag{2}$$

设计目标是使闭环系统有如下特征值：

$$s_{11} = -\Omega_1, \qquad\qquad s_{12} = -\Omega_1$$
$$s_{21} = -\xi_2\omega_2 + j\omega_2, \quad s_{22} = -\xi_2\omega_2 - j\omega_2$$
$$s_{31} = -\xi_3\omega_3 + j\omega_3, \quad s_{32} = -\xi_3\omega_3 - j\omega_3$$

按独立模态控制方法得到的模态控制力为

$$F_i(t) = -g_i q_i(t) - h_i \dot{q}_i(t)$$

其中，$g_i = \alpha_i^2 + \beta_i^2 - \omega_i^2$，$h_i = 2\alpha_i$。则有

$$\begin{cases} F_1 = -\Omega_1^2 q_1 - 2\Omega_1 \dot{q}_1 \\ F_2 = -(\xi_2\omega_2)^2 q_2 - 2\xi_2\omega_2 \dot{q}_2 \\ F_3 = -(\xi_3\omega_3)^2 q_3 - 2\xi_3\omega_3 \dot{q}_3 \end{cases} \tag{3}$$

则可得闭环控制的模态方程为

$$\begin{cases} \ddot{q}_1 + 2\Omega_1 \dot{q}_1 + \Omega_1^2 q_1 = 0 \\ \ddot{q}_2 + 2\xi_2\omega_2 \dot{q}_2 + (1 + \xi_2^2)\omega_2^2 q_2 = 0 \\ \ddot{q}_3 + 2\xi_3\omega_3 \dot{q}_3 + (1 + \xi_3^2)\omega_3^2 q_3 = 0 \end{cases} \tag{4}$$

若取

$$\Omega_1 = 0.25\sqrt{\frac{GI_P}{JL}}, \quad \xi_2 = \xi_3 = 0.5$$

其中模态坐标 q_1，q_2 和 q_3 由下式确定：

$$\begin{pmatrix} q_1 \\ q_2 \\ q_3 \end{pmatrix} = \boldsymbol{\Phi}^{-1}\boldsymbol{\theta} = \boldsymbol{\Phi}^{\mathrm{T}}\boldsymbol{M}\begin{pmatrix} \theta_1 \\ \theta_2 \\ \theta_3 \end{pmatrix}$$

则得物理空间中控制力的规律为

$$\begin{pmatrix} T_1 \\ T_2 \\ T_3 \end{pmatrix} = \sum_{i=1}^{3} \boldsymbol{M}\boldsymbol{\varphi}_i F_i = -\sum_{i=1}^{3} \boldsymbol{M}\boldsymbol{\varphi}_i (g_i q_i + h_i \dot{q}_i)$$

$$= -\sqrt{\frac{J}{3}} \begin{pmatrix} 1 \\ 1 \\ 1 \end{pmatrix} (\Omega_1^2 q_1 + 2\Omega_1 \dot{q}_1) - \sqrt{\frac{J}{2}} \begin{pmatrix} 1 \\ 0 \\ -1 \end{pmatrix} (0.25\omega_2^2 q_2 + \omega_2 \dot{q}_2) -$$

$$\sqrt{\frac{J}{6}} \begin{pmatrix} 1 \\ -2 \\ 1 \end{pmatrix} (0.25\omega_3^2 q_3 + \omega_3 \dot{q}_3)$$

假定 θ_1、θ_2 和 θ_3 是可以测量的,所以可以通过物理坐标 $\boldsymbol{\theta}$ 得到模态坐标 $\boldsymbol{q}$。同理,可以得到模态速度为

$$\dot{\boldsymbol{q}} = \boldsymbol{\Phi}^{-1}\dot{\boldsymbol{\theta}} = \boldsymbol{\Phi}^{\mathrm{T}}\boldsymbol{M}\dot{\boldsymbol{\theta}}$$

图 5-26a 所示为圆盘 1 受到一外干扰脉冲扭矩 $\hat{T} = 1$($0 < t < 1$)后闭环系统的响应时间历程仿真框图,此处假设 $GI_{\mathrm{P}}/JL = 1$。对应的模态矩阵为

$$[\boldsymbol{\Phi}] = \begin{pmatrix} 0.5774 & 0.7071 & 0.4082 \\ 0.5774 & 0 & -0.8165 \\ 0.5774 & -0.7071 & 0.4082 \end{pmatrix}$$

由仿真结果图 5-26b 可见,该系统施加控制后为渐近稳定的。

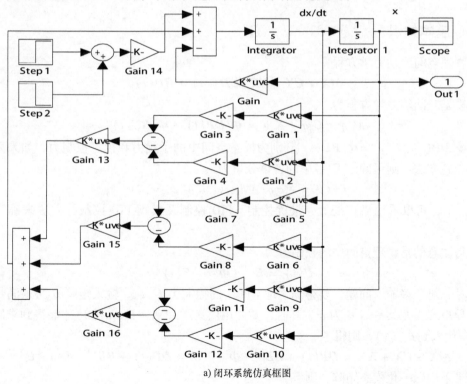

a) 闭环系统仿真框图

图 5-26

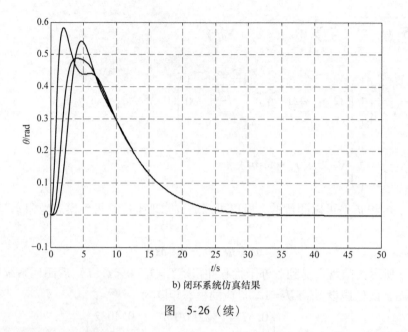

b) 闭环系统仿真结果

图 5-26（续）

　　四自由度悬架振动模态控制法

一、基本知识

设物理空间的动力学方程

$$M\ddot{X} + C\dot{X} + KX = DP(t) + BU(t) \tag{1}$$

对应的模态空间动力学方程为

$$M_p\ddot{q} + C_p\dot{q} + K_pq = \boldsymbol{\Phi}^{\mathrm{T}}DP(t) + \boldsymbol{\Phi}^{\mathrm{T}}BU(t) \tag{2}$$

令 $Q = \boldsymbol{\Phi}^{\mathrm{T}}DP(t)$，$F(t) = \boldsymbol{\Phi}^{\mathrm{T}}BU(t)$ 分别为模态空间中的干扰力和模态控制力，如果采用独立模态控制方法，则可确定 $F(t)$ 中的各个分量为

$$f(t)_i = -g_iq_i - h_i\dot{q}_i(i = 1,2,\cdots,n)$$

其中，g_i，h_i 可以采用极点配置、最优控制、PID 控制及模糊 PID 控制等方法来确定控制规律。

值得注意的是物理空间中的控制力为

$$U(t) = B^{-1}(\boldsymbol{\Phi}^{\mathrm{T}})^{-1}F(t) \tag{3}$$

由此可见，对于多输入问题，要得到物理空间中的控制力 $U(t)$，输入矩阵 B 必须满足是一个非奇异矩阵，尤其是当 B 为非方阵时，要使用广义逆（伪逆）pinv(B)才能得到求解。将式（3）代入到式（1），则得

$$M\ddot{X} + C\dot{X} + KX = DP(t) + BB^{-1}(\boldsymbol{\Phi}^{\mathrm{T}})^{-1}U = DP(t) + BB^{-1}(\boldsymbol{\Phi}^{\mathrm{T}})^{-1}U$$

如果采用归一化模态矩阵，则有

$$(\boldsymbol{\Phi}^{\mathrm{T}})^{-1} = M\boldsymbol{\Phi} \tag{4}$$

因此，模态控制力可表示为

$$U(t) = B^{-1}M\Phi F(t)$$

二、仿真实例

四自由度车辆悬架系统如图 5-27 所示，$M = 1500\text{kg}$，$m_1 = m_2 = 200\text{kg}$，$l_1 = 18\text{m}$，$l_2 = 12\text{m}$，$k_1 = k_2 = 156000\text{N/m}$，$k_3 = k_4 = 20000\text{N/m}$，$c_1 = c_2 = 1560\text{N} \cdot \text{s/m}$，$c_3 = c_4 = 200\text{N} \cdot \text{s/m}$，$v = 80\text{km/h}$，路面激励 W 模型：高度为 0.01m，宽度为 0.1s，模拟单个减速带模型。设上层悬架对转轴的回转半径为 $\rho = \dfrac{l_1 + l_2}{\sqrt{11}}$，转动惯量 $J = M\rho^2$。

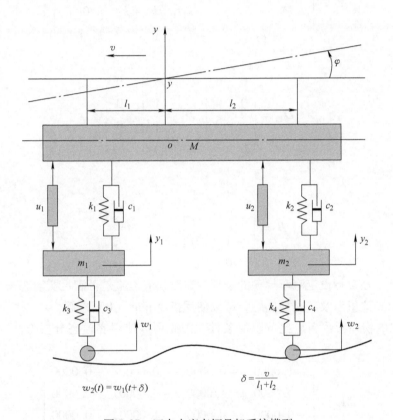

图 5-27 四自由度车辆悬架系统模型

解：该系统的动力学方程为

$$M\ddot{y} = -[k_1(y - l_1\varphi - y_1) + k_2(y + l_2\varphi - y_2) + c_1(\dot{y} - l_1\dot{\varphi} - \dot{y}_1) + c_2(\dot{y} + l_2\dot{\varphi} - \dot{y}_2)] + u_1 + u_2$$

$$J\ddot{\varphi} = [k_1l_1(y - l_1\varphi - y_1) - k_2l_2(y + l_2\varphi - y_2) + c_1l_1(\dot{y} - l_1\dot{\varphi} - \dot{y}_1) - c_2l_2(\dot{y} + l_2\dot{\varphi} - \dot{y}_2)]$$
$$- u_1l_1 + u_2l_2$$

$$m_1\ddot{y}_1 = k_1(y - l_1\varphi - y_1) - k_3(y_1 - w_1) + c_1(\dot{y} - l_1\dot{\varphi} - \dot{y}_1) - c_1(\dot{y}_1 - \dot{w}_1) - u_1$$

$$m_2\ddot{y}_2 = k_2(y + l_2\varphi - y_2) - k_4(y_2 - w_2) + c_2(\dot{y} - l_2\dot{\varphi} - \dot{y}_1) - c_4(\dot{y}_2 - \dot{w}_2) - u_2$$

写成矩阵形式为

$$M\ddot{Y} + C\dot{Y} + KY = D_1\dot{W} + D_2W + BU$$

其中

$$
\boldsymbol{M} = \begin{pmatrix} M & 0 & 0 & 0 \\ 0 & J & 0 & 0 \\ 0 & 0 & m_1 & 0 \\ 0 & 0 & 0 & m_2 \end{pmatrix}, \boldsymbol{C} = \begin{pmatrix} c_1 + c_2 & c_2 l_2 - c_1 l_1 & -c_1 & -c_2 \\ c_2 l_2 - c_1 l_1 & c_1 l_1^2 + c_2 l_2^2 & c_1 l_1 & -c_2 l_2 \\ -c_1 & c_1 l_1 & c_1 + c_3 & 0 \\ -c_2 & -c_2 l_2 & 0 & c_2 + c_4 \end{pmatrix}
$$

$$
\boldsymbol{K} = \begin{pmatrix} k_1 + k_2 & k_2 l_2 - k_1 l_1 & -k_1 & -k_2 \\ k_2 l_2 - k_1 l_1 & k_1 l_1^2 + k_2 l_2^2 & k_1 l_1 & -k_2 l_2 \\ -k_1 & k_1 l_1 & k_1 + k_3 & 0 \\ -k_2 & -k_2 l_2 & 0 & k_2 + k_4 \end{pmatrix}
$$

外部激励矩阵

$$
\boldsymbol{D}_1 = \begin{pmatrix} 0 & 0 \\ 0 & 0 \\ c_3 & 0 \\ 0 & c_4 \end{pmatrix}, \boldsymbol{D}_2 = \begin{pmatrix} 0 & 0 \\ 0 & 0 \\ k_3 & 0 \\ 0 & k_4 \end{pmatrix}
$$

输入矩阵

$$
\boldsymbol{B} = \begin{pmatrix} 1 & 1 \\ -l_1 & l_2 \\ -1 & 0 \\ 0 & -1 \end{pmatrix}, \quad J = M\rho^2
$$

注意：（1）在自行设定汽车模型的物理参数时，应检验是否满足实模态条件；

（2）这里涉及广义逆问题，可以使用指令 pinv（B）求解。

实例给出的物理参数满足比例阻尼条件，因此可以使用实模态分析方法，正则模态参数为

$$
\boldsymbol{M}_p = \begin{pmatrix} 1.0000 & -0.0000 & -0.0000 & -0.0000 \\ -0.0000 & 1.0000 & -0.0000 & 0.0000 \\ -0.0000 & -0.0000 & 1.0000 & 0.0000 \\ -0.0000 & 0.0000 & 0.0000 & 1.0000 \end{pmatrix}
$$

$$
\boldsymbol{K}_p = 1000 \begin{pmatrix} 1.4448 & -0.0000 & 0.0000 & -0.0000 \\ -0.0000 & 1.0575 & 0.0000 & 0.0000 \\ 0.0000 & 0.0000 & 0.0185 & 0.0000 \\ -0.0000 & 0.0000 & 0.0000 & 0.0420 \end{pmatrix}
$$

$$
\boldsymbol{C}_p = \begin{pmatrix} 14.4481 & -0.0000 & 0.0000 & -0.0000 \\ -0.0000 & 10.5753 & 0.0000 & 0.0000 \\ 0.0000 & 0.0000 & 0.1854 & 0.0000 \\ -0.0000 & 0.0000 & 0.0000 & 0.4200 \end{pmatrix}
$$

$$W_p = \begin{pmatrix} 38.0107 & 0+0.0000i & 0.0000 & 0.0000 \\ 0+0.0000i & 32.5196 & 0.0000 & 0+0.0000i \\ 0.0000 & 0.0000 & 4.3058 & 0.0000 \\ 0+0.0000i & 0.0000 & 0+0.0000i & 6.4807 \end{pmatrix}$$

模态方程为

$$\ddot{q}_i + 2\xi_i\omega_i\dot{q}_i + \omega_i^2 q_i = F_i + P_i \quad (i = 1,2,3,4)$$

其中　$\xi_1 = 0.1901$, 　$\omega_1 = 38.01$; 　$\xi_2 = 0.163$, 　$\omega_2 = 32.52$
　　　$\xi_3 = 0.022$, 　$\omega_3 = 4.31$; 　$\xi_4 = 0.32$, 　$\omega_4 = 36.48$

模态控制力为

$$F_i = -g_i q_i - h_i \dot{q}_i \quad (i = 1,2,3,4)$$

使用极点配置法，设极点分别为

$$S_i = -\alpha_i - \beta_i j \; (i = 1,2,3,4)$$

则

$$S_1 = 35 + 15j, \quad S_2 = 32 + 10j, \quad S_3 = 12 - 5j, \quad S_4 = 10 + 5j$$

脚本文件为:

```
clc
m0 = 1500;m1 = 200;m2 = 200;
l1 = 1.8;l2 = 1.2;
k1 = 156000;k2 = k1;k3 = 20000;k4 = k3;
c1 = 1560;c2 = c1;c3 = 200;c4 = c3;
R = (l1 + l2)/sqrt(11)
J = m0 * R * R
M = diag([m0 J m1 m2])
C = [c1 + c2 c2 * l2 - c1 * l1 - c1 - c2;c2 * l2 - c1 * l1 c1 * l1 * l1 + c2 * l2 * l2 c1 * l1 - c2 * l2;
    - c1 c1 * l1 c1 + c3 0; - c2 - c2 * l2 0 c2 + c4]
K = [k1 + k2 k2 * l2 - k1 * l1 - k1 - k2;k2 * l2 - k1 * l1 k1 * l1 * l1 + k2 * l2 * l2 k1 * l1 - k2 * l2;
    - k1 k1 * l1 k1 + k3 0; - k2 - k2 * l2 0 k2 + k4]
D1 = [0;0;c3;c4]
D2 = [0;0;k3;k4]
B = [1 1; - l1 l2; - 1 0;0 - 1]
cc = inv(M) * K
[v,p] = eig(cc)
cp = v' * C * v                          % 验证是否为比例阻尼
mp = v' * M * v;                         % 主质量矩阵
VP = [v(:,1)/sqrt(mp(1,1)) v(:,2)/sqrt(mp(2,2)) v(:,3)/sqrt(mp(3,3)) v(:,4)/sqrt(mp(4,4))]
                                         % 归一化模态
MP = VP' * M * VP                        % 正则主质量矩阵
KP = VP' * K * VP                        % 模态刚度矩阵
CP = VP' * C * VP                        % 模态阻尼矩阵
wp = sqrt(KP/MP)                         % 模态频率
```

CSP = [CP(1,1)/2/sqrt(MP(1,1) * KP(1,1)); CP(2,2)/2/sqrt(MP(2,2) * KP(2,2));

CP(3,3)/2/sqrt(MP(3,3) * KP(3,3)); CP(4,4)/2/sqrt(MP(4,4) * KP(4,4))] %模态阻尼比

% 给定一组配置极点

s1 = −35 + 15j; s2 = −32 + 10j; s3 = −12 − 5j; s4 = −10 + 5j;

% 控制参数 H

H = [real(s1) * real(s1) + imag(s1) * imag(s1) − wp(1,1) * wp(1,1)

real(s2) * real(s2) + imag(s2) * imag(s2) − wp(2,2) * wp(2,2)...

real(s3) * real(s3) + imag(s3) * imag(s3) − wp(3,3) * wp(3,3)

real(s4) * real(s4) + imag(s4) * imag(s4) − wp(4,4) * wp(4,4)]

% 控制参数 G

G = [2 * (abs(real(s1)) − CSP(1) * wp(1,1)) 2 * (abs(real(s2)) − CSP(2) * wp(2,2))...

2 * (abs(real(s3)) − CSP(3) * wp(3,3)) 2 * (abs(real(s4)) − CSP(4) * wp(4,4))]

运行后可得控制参数为

H = 5.1864   66.4732   150.4599   83.0006

G = 55.5519   53.4247   23.8146   19.5800

根据以上控制参数搭建仿真框图如图5-28a、b所示，仿真结果分别为图5-28c、d、e。

注意：其中两个轮轴系统 m_1、m_2 的位移规律和速度规律没有给出，请读者自行搭建仿真图进行观察。

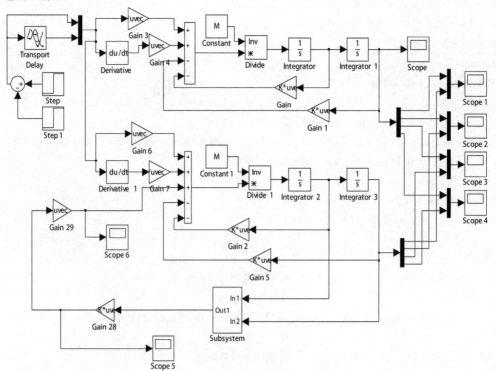

a) 四自由度车辆悬架系统控制仿真框图

图 5-28

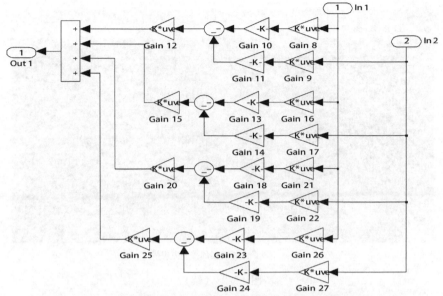

b) 四自由度车辆悬架系统控制仿真框图Subsystem内部结构

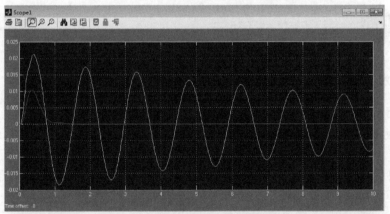

c) 上层悬架的垂直位移控制效果

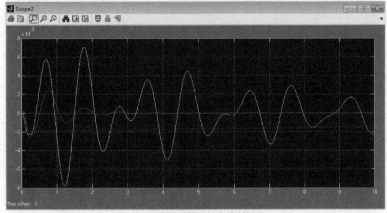

d) 上层悬架的转角控制效果

图 5-28（续）

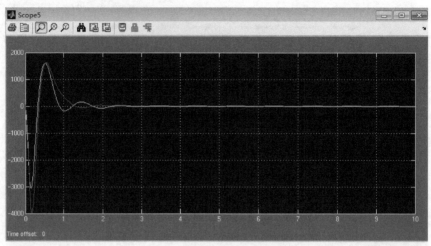

e) 两个作动器的控制力规律

图 5-28（续）

设计实例 60 模糊 PID 控制法

一、基本知识

下面介绍基于 Simulink 的模糊控制器的仿真及其调试方法。

（1）启动 Matlab 后，在主窗口中键入 fuzzy 回车，屏幕上就会显现出如图 5-29a 所示的 "FIS Editor" 界面，即模糊推理系统编辑器。

（2）双击输入量或输出量模块中的任何一个，都会弹出隶属函数编辑器，简称 MF 编辑器，如图 5-29b 所示。

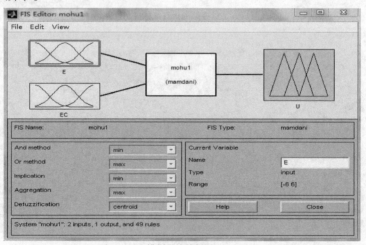

a) 模糊系统编辑器

图 5-29

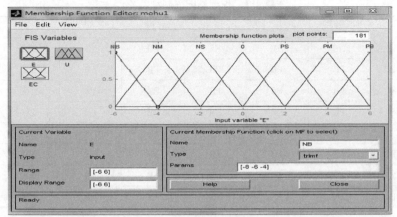

b) MF编辑器

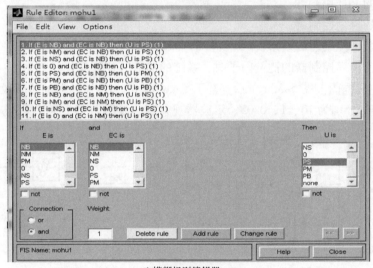

c) 模糊规则编辑器

图 5-29（续）

（3）在 FIS Editor 界面顺序单击菜单 Editor—Rules，则会出现模糊规则编辑器，如图 5-29c所示。

本设计采用双输入（偏差 E 和偏差变化量 EC）单输出（U）模糊控制器，E 的论域是［-6，6］，EC 的论域是［-6，6］，U 的论域是［-6，6］。它们的状态分别是：负大（NB）、负中（NM）、负小（NS）、零（ZO）、正小（PS）、正中（PM）、正大（PB）。语言值的隶属函数选择三角形隶属函数；推理规则选用 Mamdani 控制规则，该控制器的控制规则见表5-1。

二、仿真实例

已知系统的传递函数为 $\dfrac{1}{10s+1}e^{-0.5s}$。假设系统给定阶跃值 $r=30$，系统初始值 $r_0=0$，试分别设计：

表 5-1　控制器的控制规则表

U		EC						
		NB	NM	NS	ZO	PS	PM	PB
E	NB	PB	PB	PB	PB	PM	PS	ZO
	NM	PB	PB	PB	PM	PS	ZO	ZO
	NS	PB	PM	PM	PM	ZO	ZO	NS
	ZO	PM	PS	PS	ZO	NS	NS	NM
	PS	PS	ZO	ZO	NS	NM	NM	NB
	PM	ZO	ZO	NS	NM	NB	NB	NB
	PB	ZO	NS	NM	NB	NB	NB	NB

（1）常规的 PID 控制器；

（2）常规的模糊控制器；

（3）比较两种控制器的效果；

（4）当改变模糊控制器的比例因子时，系统的响应有什么变化?

Simulink 仿真框图如图 5-30a 所示，基于 Simulink 的 PID 控制器的仿真及其调试。调节后的 K_p、K_i、K_d 分别为 10、1、0.05。示波器观察到的波形如图 5-30b 所示。

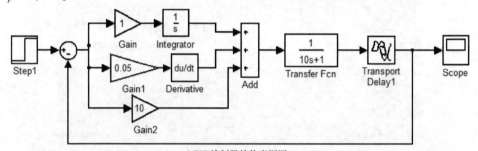

a) PID控制器的仿真框图

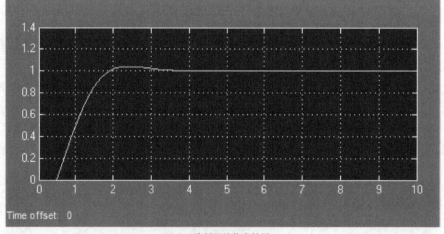

b) PID控制器的仿真结果

图　5-30

在调试过程中发现：加入积分调节器有助于消除静差，通过试凑法得出量化因子、比例因子以及积分常数。Ke、Kec、Ku、Ki 分别是 3、2.5、3.5、0.27。

模糊 PID 控制的仿真框图如图 5-31a 所示。仿真结果如图 5-31b 所示。

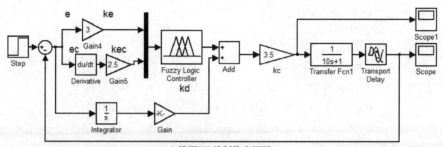

a) 模糊PID控制仿真框图

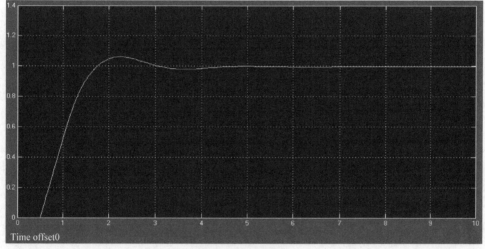

b) 模糊PID控制仿真结果

图 5-31

通过比较 PID 控制器和模糊控制器可知：两个系统观察到的波形并没有太大的区别。相对而言，对于给出精确数学模型的控制对象，PID 控制器显得更具有优势，其具体表现在：一是操作简单，二是调节三个参数可以达到满意的效果；对于给出精确数学模型的控制对象，模糊控制器并没有展现出太大的优势，其具体表现在：其一是操作烦琐，其二是模糊控制器调节参数的难度并不亚于 PID 控制器。

在实验中，增大模糊控制器的比例因子 Ku 会加快系统的响应速度，但 Ku 过大将会导致系统输出上升速率过快，从而使系统产生较大的超调量乃至发生振荡；而 Ku 过小，又会使系统输出上升速率变小，最终将导致系统稳态精度变差。

设计实例 61　变质量系统动力学问题

一、基本知识

发射火箭的过程涉及变质量系统的动力学问题。应用力学中的动量定理，可以推导出变质量动力学方程，以下分析质量并入的情况，如图 5-32 所示。

根据动量定理

$$p_{t2} - p_{t1} = \int_{t_1}^{t_2} f^e(t)\,\mathrm{d}t$$

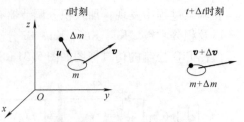

图 5-32　变质量系统示意图

当系统有质量并入时，在 Δt 时间间隔内，有

$$p_{t1} = p(t) = m\boldsymbol{v} + \Delta m\boldsymbol{u}$$

$$\boldsymbol{p}_{t2} = \boldsymbol{p}(t+\Delta t) = (m+\Delta m)\cdot(\boldsymbol{v}+\Delta\boldsymbol{v})$$

$$\boldsymbol{p}_{t2} - \boldsymbol{p}_{t1} = (m+\Delta m)\cdot(\boldsymbol{v}+\Delta\boldsymbol{v}) - (m\boldsymbol{v}+\Delta m\boldsymbol{u})$$

$$= (m+\Delta m)\Delta\boldsymbol{v} + \Delta m\boldsymbol{v} - \Delta m\boldsymbol{u} = (m+\Delta m)\Delta\boldsymbol{v} + \Delta m(\boldsymbol{v}-\boldsymbol{u})$$

代入动量定理中，得

$$(m+\Delta m)\Delta\boldsymbol{v} + \Delta m(\boldsymbol{v}-\boldsymbol{u}) = \boldsymbol{F}^e\Delta t$$

故有

$$(m+\Delta m)\frac{\Delta\boldsymbol{v}}{\Delta t} + \frac{\Delta m}{\Delta t}(\boldsymbol{v}-\boldsymbol{u}) = \boldsymbol{F}^e\Delta t$$

则

$$\lim_{\Delta t\to 0}\left(m\frac{\Delta\boldsymbol{v}}{\Delta t}\right) + \lim_{\Delta t\to 0}\left(\Delta m\frac{\Delta\boldsymbol{v}}{\Delta t}\right) + \lim_{\Delta t\to 0}\left[\frac{\Delta m}{\Delta t}(\boldsymbol{v}-\boldsymbol{u})\right] = \boldsymbol{F}^e$$

可以得到变质量系统的动力学方程

$$m(t)\boldsymbol{a} = \boldsymbol{F}^e - \frac{\mathrm{d}m(t)}{\mathrm{d}t}\boldsymbol{v}_r$$

其中 $\boldsymbol{v}_r = \boldsymbol{v}-u$，表示质量变化量 Δm 相对于质量 m 的速度；$\frac{\mathrm{d}m(t)}{\mathrm{d}t}\boldsymbol{v}$ 为反推力。当 $\frac{\mathrm{d}m}{\mathrm{d}t}<0$ 时，称为正推力，正推力可使质点加速度增大。

二、仿真实例

设一火箭的质量为 $M = 137.76\text{kg}$（含燃料质量 110.2kg），燃料以 1.84kg/s 的速率燃烧，相对于火箭的喷射速度为 $v_r = 1712\text{m/s}$。设空气阻尼力为非线性模型，即 $\boldsymbol{F}_R = -0.039|\boldsymbol{v}|\boldsymbol{v}^0$。建立仿真模型，设地面点火的初速度为零，分析火箭升空后燃烧质量消耗完毕前火箭的加速度、速度和升空位移的变化情况。

动力学方程为

$$(137.76 - 1.84t)\ddot{y} = -(137.76 - 1.84t)g - \frac{\mathrm{d}}{\mathrm{d}t}(137.76 - 1.84t)v_r - 0.039|\dot{y}|\dot{y}^0$$

或

$$\ddot{y} = \frac{1}{137.76 - 1.84t}\left[-(137.76 - 1.84t)g + 1.84\times 1712 - 0.039|\dot{y}|\dot{y}^0\right]$$

显然，这是一个时变非线性微分方程，Simulink 仿真框图如图 5-33a 所示。其位移和速度的变化规律如图 5-33b、c 所示。

通过控制燃料的燃烧速率，可以控制火箭的运行速度。由图 5-33d 可见：在开始起飞的阶段，加速度的变化是剧烈的；经过一段时间后，加速度的变化趋于平稳。

注意：以上问题没有考虑到火箭在升空过程中遇到干扰阻力。在实际应用中，通常在火箭上加载有火箭发动机来控制，以便增加抗干扰能力。

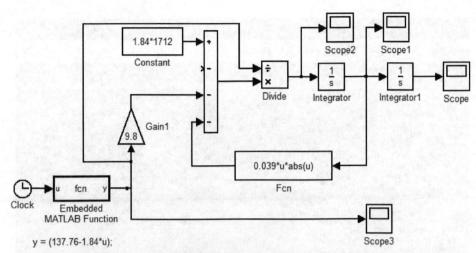

a) 火箭升空过程控制仿真框图

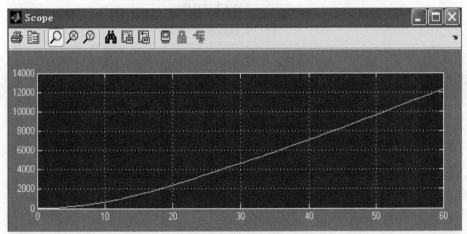

b) 火箭升空过程位移变化规律

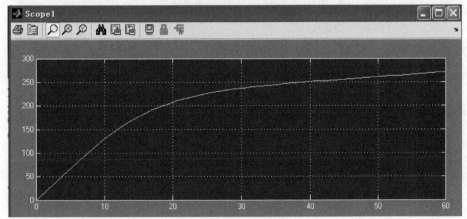

c) 火箭升空过程速度变化规律

图 5-33

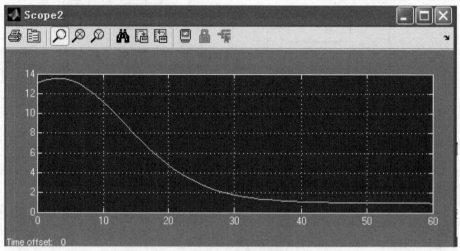

d) 火箭升空过程加速度变化规律

图 5-33 (续)

设计实例 62 飞球调速器建模与波动分析

一、基本知识

18 世纪，瓦特发明了改良蒸汽机，由此引发了欧洲的工业革命。但是改良蒸汽机的转速不易控制。为解决此问题，1788 年，瓦特将离心调速器用于控制转速。它有两个飞球，转动起来后，飞球就产生离心力，从而带动套筒 c上升（见图 5-34）。套筒的上升又带动其他执行机构控制蒸汽流量，从而达到调整转速的目的。

下面从动力学角度研究瓦特调速器的动力学特性。

二、仿真实例

设调速器的两球质量均为 m，由四根长均为 l 的连杆连接，调速器角速度为 ω，不计各杆的质量和套筒 c 的质量，试分析调速器角速度 ω 的动力学微分方程。

取广义坐标为 (φ, θ)，则动能为

$$T = m[(l\dot{\varphi}\sin\theta)^2 + l^2\dot{\theta}^2]$$

势能为

$$V = -2mgl\cos\theta$$

拉格朗日函数

$$L = T - V = m[(l\dot{\varphi}\sin\theta)^2 + l^2\dot{\theta}^2] + 2mgl\cos\theta$$

根据第二类拉格朗日方程

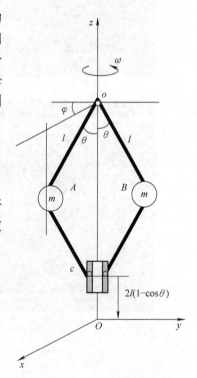

图 5-34 飞球调速器模型

$$\frac{\mathrm{d}}{\mathrm{d}t}\left(\frac{\partial L}{\partial \dot{\theta}}\right) - \frac{\partial L}{\partial \theta} = 0$$

其中

$$\frac{\partial L}{\partial \dot{\theta}} = 2ml^2 \dot{\theta}$$

$$\frac{\mathrm{d}}{\mathrm{d}t}\left(\frac{\partial L}{\partial \dot{\theta}}\right) = 2ml^2 \ddot{\theta}$$

$$\frac{\partial L}{\partial \theta} = 2ml^2 \dot{\varphi}^2 \sin\theta\cos\theta - 2mgl\sin\theta$$

可得连杆的动力学方程

$$\ddot{\theta} + \dot{\varphi}^2 \sin\theta\cos\theta - \frac{g}{l}\sin\theta = 0 \tag{1}$$

又

$$\frac{\mathrm{d}}{\mathrm{d}t}\left(\frac{\partial L}{\partial \dot{\varphi}}\right) - \frac{\partial L}{\partial \varphi} = M(t)$$

得

$$\frac{\partial L}{\partial \dot{\varphi}} = 2ml^2 \dot{\varphi}\sin^2\theta$$

$$\frac{\mathrm{d}}{\mathrm{d}t}\left(\frac{\partial L}{\partial \dot{\theta}}\right) = 2ml^2(\ddot{\varphi}\sin^2\theta + 2\dot{\varphi}\dot{\theta}\sin\theta\cos\theta)$$

$$\frac{\partial L}{\partial \varphi} = 0$$

故得转轴的动力学方程

$$2ml^2(\sin^2\theta\ddot{\varphi} + 2\dot{\varphi}\dot{\theta}\sin\theta\cos\theta) = M(t) \tag{2}$$

下面分析一种特殊情况：当转轴以等角速度转动时，连杆的摆角 θ 的变化规律，将 $\dot{\varphi} = $ const 代入方程，仅可得一个方程，这是一个非线性动力学方程。分析近似系统的动力学方程可知：如果将 θ 限制在较小的变化范围内，则有

$$\ddot{\theta} + \left(\omega^2 - \frac{g}{l}\right)\theta = 0$$

根据动力学系统的稳定性理论可知：角速度的取值需满足 $\omega > \sqrt{\frac{g}{l}}$，此时瓦特调速器的动力学特性是稳定的。将此条件作为非线性方程（1）的限制条件，设 $l = 0.3\mathrm{m}$，此时得 $\omega > 5.7155\mathrm{rad/s}$。又设初始条件为 $\theta(0) = 0.1\mathrm{rad}$，并取 $\omega = 6\mathrm{rad/s}$，搭建的仿真模型如图 5-35a 所示，仿真结果如图 5-35b、c 所示。

在仿真框图中，考虑到 θ 的取值不能小于零，因此使用了 Switch 元件来实现条件的设置。图中右下侧部分是滑块 c 的位移变化规律仿真图，其中 $y_c = 2l(1 - \cos\theta)$。

根据图 5-35b 所示的仿真结果可以看到，在给定角速度的情况下，小球并不能处于一个相对转轴的稳定状态，而是呈现微小波动，如果不采取其他措施，那么这个波动会影响调速器效果。

请读者将 y_c 的位移变化规律作为控制转轴的外部驱动力偶 $M(y_c(t))$ 的一个条件，进一步分析飞球调速器实现调速功能。

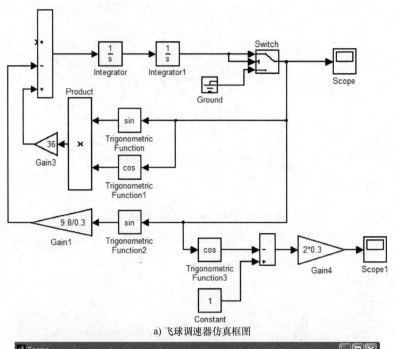

a) 飞球调速器仿真框图

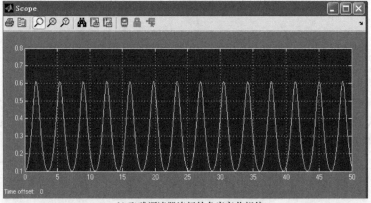

b) 飞球调速器连杆的角度变化规律

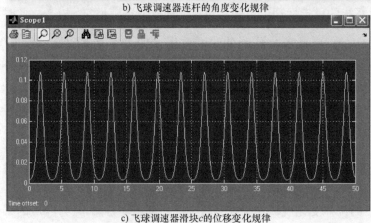

c) 飞球调速器滑块c的位移变化规律

图 5-35

154

为了减小或消除飞球调速器的波动，可以通过附加阻尼装置。在实际应用中系统不可能完全处于无阻尼状态，因此，调速器在经过一段时间后处于稳定状态。

设计实例 63　磁悬浮 PID 控制系统

一、基本知识

磁悬浮在当今有重大的应用价值，其中最典型的两大应用领域是磁悬浮列车和磁悬浮轴承，磁悬浮列车的原理就是将列车的车厢用磁力悬浮起来，由于没有接触和摩擦，所以列车可以以非常高的速度运行。磁悬浮轴承技术是一种应用转子动力学、机械学、电工电子学、控制工程、磁性材料、测试技术、数字信号处理等的综合技术。通过磁场力将转子和轴承分开，可以构成无接触的新型支承组件。图 5-36 所示为磁悬浮轴承系统的简图，这是一个具有反馈装置的动力学控制系统。原理如下：

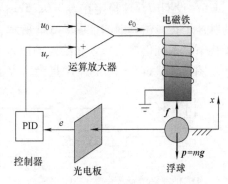

图 5-36　磁悬浮控制系统简图

（1）电磁力方程：电磁力是线圈中的电流 i 和浮球位置 x 的函数，其表达式为

$$f = k_i i + k_x x$$

式中，k_i、k_x 为常数。

（2）浮球的动力学方程为

$$m \ddot{x} = f - mg - \delta$$

式中，δ 为干扰力。

（3）光电转换模型为

$$e = k_e(x_0 - x)$$

式中，x_0 为期望位置，通过控制，浮球稳定在给定位置上。

（4）PID 控制方程：通过光电检测板将浮球的位置量转化为电压量 e，PID 是比例、积分和微分控制的简称，其数学模型为

$$u_r = k_P e + k_I \int e dt + k_D \dot{e}$$

式中，k_P、k_I 和 k_D 称为比例控制系数、积分控制系数和微分控制系数。

（5）运算放大器数学模型：运算放大器是一种高效率的放大电子器件，可以简化为两个输入端，一个输出端，一个接地点。放大器的输出电压为

$$e_0 = k(u_r - u_0)$$

式中，k 为运算放大器的放大系数；$i = \dfrac{k(u_r - u_0)}{R}$ 为电流；R 为线圈电阻。这样可以得到浮球的动力学方程为

$$m \ddot{x} = k_i i + k_x x - mg - \delta = \frac{k_i k(u_r - u_0)}{R} + k_x x - mg - \delta$$

通过预设值，使得 $\dfrac{k_i ku_0}{R} = mg$，则上式简化为 $m\ddot{x} = \dfrac{k_i ku_r}{R} + k_x x - \delta$，其中 u_r 为 PID 控制模型，即

$$u_r = k_P e + k_I \int e\,dt + k_D \dot{e}$$

二、仿真实例

设 $m = 20\text{kg}$；$k_i = 1.5\text{N/A}$，$k_x = 10\text{N/m}$，$k_e = 2\text{V/m}$，$k = 10$，$R = 1\Omega$，$k_P = 50$，$k_I = 5$，$k_D = 5$。设期望浮球稳定在 $x_0 = 0.25\text{m}$ 位置上，在时间 $t = 0$ 和延时 12s 时作用了宽度为 0.1s 的脉冲干扰，仿真框图如图 5-37a 所示，仿真结果如图 5-37b 所示。可以看到，即使在脉冲干扰下，系统仍然能稳定在给定的位置上。

图中的 Gain5 = 10 的作用是为增大了干扰的幅值，以便观察系统的抗干扰性。

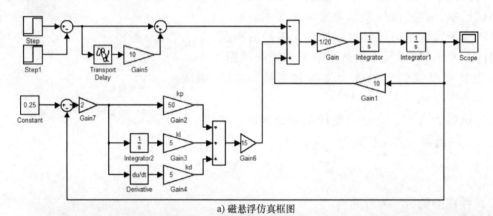

a) 磁悬浮仿真框图

b) 磁悬浮仿真结果图

图 5-37

请读者设计一个仿真模型，调整 PID 参数，观察运算放大器输出、PID 控制器输出、光电转化输出及浮球的位移和力的变化规律。改变干扰（如随机干扰等），并改变 PID 控制参数，观察浮球的运动情况。

附　　录

附录 A　课程设计预选题目表

为配合该课程的课程设计，以下整理了多个课程设计题目，其中的大多数设计题目与教材《Matlab/Simulink 动力学系统建模与仿真》配套，通过课程设计，训练学生分析问题和解决问题的能力。每个设计题目格式请参考附录 B 动力学系统建模与仿真课程设计范例。

动力学系统建模与仿真课程设计（选题）

序号	题　目	完成人	要求
1	椭圆规机构运动学、动力学系统建模与仿真设计		对于每个题目要求使用至少两种方法来建立系统的模型（主要是仿真结果应有所对比），例如，同时要使用连续系统或离散系统；微分方程模型与传递函数模型，或者传递函数模型与状态空间模型等不同方法的结果对比），或时域分析或频域分析，（注意对于非线性系统不能使用传递函数模型），在有可能的情况下，要给出系统的解析解，然后再给出仿真解，在不能给出解析解的情况下，要事先进行定性分析，然后再对比仿真解。
2	车辆模型在随机路面激励下的动力学建模与仿真设计（时域）		
3	车辆悬架模型系统的传递函数建模与仿真设计（S 域与频率域）		
4	梁结构横向振动有限元建模与仿真设计（时域）		
5	求解梁固有频率与振型的边值问题差分方法（边值问题）		每人最后要递交课程设计材料：报告（论文） 论文格式为： 封面（统一格式） 课程设计任务书 目录 正文 附录（如果有较长的程序代码或者较长的公式推导，可以将这些内容放在附录中）
6	惯性式位移计、加速度计建模与仿真设计（时域与频域）		
7	变截面杆的纵向振动问题的有限元建模与仿真		
8	基于模态分析法杆的纵向振动的传递函数建模与仿真		
9	使用假设模法分析变截面梁的横向振动建模与仿真		论文正文格式参考： 1）绪论：本课题的当前发展情况 2）数学模型的建立（必要的数学推导） 3）仿真模型的建立（设计 Matlab/Simulink 模型），需要给出必要的仿真结果，包含各种图表和程序（如果代码太长，仿真子系统太多可以放在附录中） 4）仿真结果分析、论述结论的正确性、可行性，以及对本次课程设计简要总结，并给出建议，谈谈收获和体会 5）参考文献：参考文献格式必须规范
10	飞球调速器控制规律建模与仿真		
11	基于串联、并联模型法分析复模态系统的响应		
12	动力消振器的设计与频域分析仿真设计		
13	无源带通、带阻低通和高通滤波器建模与仿真		
14	基于离散 PID 控制模型对车载速度控制设计与应用		注意：每人需提交电子文档格式和打印纸质论文一份（16 开本大小），论文提交时间

（续）

序号	题　目	完成人	要求
15	基于延迟模块的多自由度阻尼系统的差分离散仿真		
16	基于线性加速度法多自由度阻尼系统的建模与仿真		
17	基于威尔逊 θ 法多自由度阻尼系统的建模与仿真		
18	利用二阶系统的瞬态响应特性识别系统的物理参数（时域识别法）		对于每个题目要求使用至少两种方法来建立系统的模型（主要是仿真结果应有所对比），例如，同时要使用连续系统或离散系统；微分方程模型与传递函数模型，或者传递函数模型与状态空间模型等不同方法的结果对比），或时域分析或频域分析，（注意对于非线性系统不能使用传递函数模型），在有可能的情况下，要给出系统的解析解，然后再给出仿真解，在不能给出解析解的情况下，要事先进行定性分析，然后再对比仿真解。
19	基于频域法识别系统的物理参数（频域识别法）		每人最后要递交课程设计材料：报告（论文） 论文格式为： 封面（统一格式） 课程设计任务书 目录 正文 附录（如果有较长的程序代码或者较长的公式推导，可以将这些内容放在附录中）
20	基于最小二乘法的导纳圆识别单自由度的物理参数		
21	车辆与桥梁的耦合振动动力学建模与仿真		
22	电动机 - 转子耦合系统的动力学建模与仿真		论文正文格式参考： 1）绪论：本课题的当前发展情况 2）数学模型的建立（必要的数学推导） 3）仿真模型的建立（设计 Matlab/Simulink 模型），需要给出必要的仿真结果，包含各种图表和程序（如果代码太长，仿真子系统太多可以放在附录中）
23	磁电动圈仪表动力学建模与仿真		
24	火箭飞行器模拟动力学仿真（变质量动力学问题）		
25	基于状态空间模型的采样离散建模与仿真		4）仿真结果分析、论述结论的正确性、可行性，以及对本次课程设计简要总结，并给出建议，谈谈收获和体会 5）参考文献：参考文献格式必须规范
26	基于传递函数模型的采样离散建模与仿真		
27	时变系统的采样离散建模与仿真方法（时域）		注意：每人需提交电子文档格式和打印纸质论文一份（16 开本大小），论文提交时间
28	电子 PID 的建模与磁悬浮动力系统建模与仿真		
29	机车的非线性速度 PID 控制动力学建模与仿真		
30	倒立摆 PID 控制的建模与仿真设计		

附录 B　动力学系统建模与仿真课程设计范例

动力学系统建模与仿真
课程设计

题　　目：<u>弹性体的传递函数建模与仿真</u>
　　　　　<u>——简支梁的横向振动</u>
学　　院：<u>　××××××学院　</u>
专　　业：<u>　　×××××　　　</u>
班　　级：<u>　　×××班　　　</u>
姓　　名：<u>　　×××　　　　</u>
学　　号：<u>　×××××××××　</u>
指导教师：<u>　　×××　　　　</u>

××年　××　学期

课程设计任务书

题目：弹性体的传递函数建模与仿真——简支梁的横向振动

报告人：×××

指导教师：×××

任务：

（1）掌握 Matlab/Simulink 仿真平台的应用，提高仿真技术在力学中的应用能力，加强理论联系实际，训练解决问题和分析问题的能力。

（2）针对弹性体的动力学问题，掌握建立一维弹性体的动力学振动方程，掌握模态分析的一般方法。

（3）掌握弹性梁的传递函数的推导与应用。

（4）掌握 Simulink 中传递函数模块元件的使用。利用实例构建清晰的仿真框图，并能和已有的精确解对比，说明本仿真结果的正确性。

（5）结论：对本课程设计工作的总结，是否得到了预期目标，在参考文献的基础上，做了哪些新的改进或创新，对难点问题的处理方法以及提出有待于后续研究的问题。

×× 年 ×× 月

目　录

摘要

关键词

弹性体的传递函数建模与仿真——简支梁的横向振动

摘要：本文以简支梁为例推导理论公式并对其横向振动进行研究。首先建立了弹性梁的动力学偏微分方程，使用分离变量方法，将偏微分方程转化为常微分方程，结合振动力学中的模态分析法，将原物理空间中的动力学问题转化到模态空间中处理，再进一步结合传递函数的基本概念，得到了模态空间中的传递函数，最后再变换到物理空间中，使用 Simulink 工具箱中的传递函数仿真元件，搭建了并联模型仿真框图，仿真计算得到了系统的响应，与精确解进行了比较，说明了传递函数分析方法的有效性。

关键词：模态分析　简支梁　传递函数　Simulink 仿真

1. 研究背景及意义

近年来，随着计算机的广泛应用，用计算机对实际系统的仿真被人们日益接受，采用计算机进行系统的仿真可以更好地解决传统仿真技术中存在的问题。

基于 Matlab 的 Simulink 平台是动力学系统仿真领域中最为著名的仿真集成环境之一，它在各个领域得到了广泛的应用。在学术界和工程领域中，Simulink 已经成了动力学建模和仿真领域中应用最为广泛的软件之一，由于 Simulink 是采用模块组合方式来建模的，因此用户能够得到快速、准确地创建动力学系统的计算机仿真模型。

系统的传递函数与描述其运动规律的微分方程是对应的。它是建立线性系统动力学模型的另一种方法，对于复杂动力学问题，可以得到任意两个点之间的输入与输出的动态特性，可根据组成系统各单元的传递函数和它们之间的关系导出整体系统的传递函数，并用其分析系统的动态特性和稳定性，或根据给定要求综合控制系统，设计满意的控制器。以传递函数为工具分析和综合控制系统的方法也为动力学频域方法提供了基础。传递函数不但是经典控制理论的基础，而且在以时域方法为基础的现代控制理论发展过程中，也不断发展形成了多变量频域控制理论，成为研究多变量控制系统的有力工具。传递函数中的复变量 s 在实部、虚部包含了动态系统的物理参数，因此常应用在故障诊断和参数识别领域中。

在动态问题分析中，传递函数主要应用在以下三个方面：

1）确定系统的输出响应。对于传递函数 $G(s)$ 已知的系统，在输入作用 $U(s)$ 给定后，系统的输出响应 $y(s)$ 可直接由 $G(s)U(s)$ 运用拉普拉斯逆变换方法来确定，在仿真平台中，只要定了系统的传递函数或传递函数矩阵，可以方便地得到时域响应。

2）对于有限多自由度耦合动力学系统，可以清晰地分析各个自由度之间的耦合关系。在线弹性振动系统的问题中，借助于模态分析方法，可以将无限自由度耦合系统转换为非耦合并联系统，这为搭建仿真框图提供了极大的方便。参数变化对输出响应的影响，对于闭环控制系统，运用根轨迹法可方便地分析系统开环增益的变化对闭环传递函数的极点、零点位置的影响，从而可进一步估计对输出响应的影响。

3）传递函数为分析系统频率特性提供了理论基础，因此，传递函数为分析系统的频率响应法奠定了基础。

2. 弹性梁系统的动力学建模

传递函数表达了输入和输出两点之间的关系，对于弹性梁的横向振动来说，可以利用单点激励单点输出方法得到系统的传递函数。

根据弹性体的建模理论，可以得到该模型的动力学偏微分方程

$$EI\frac{\partial^4 y(x,t)}{\partial x^4} + \frac{\partial^2 y(x,t)}{\rho \partial t^2} = p(t)\delta(x-b) \tag{1}$$

其中，EI 是梁的弯曲刚度，ρ 是单位长度质量，在给定的边界条件下，设系统的正则归一化模态函数为 $\varphi_i(x)$，$i=1,2,\cdots,\infty$，根据模态叠加法，设式（1）的解为

$$y(x,t) = \sum_{i=1}^{\infty} \varphi_i(x)\eta_i(t) \tag{2}$$

其中，η_i 是模态坐标，将式（2）代入到式（1）中，并用归一化模态正交性可以得到模态坐标下的动力学方程

$$\frac{d^2\eta_i(t)}{dt^2} + p_i^2\eta_i(t) = p(t)\varphi_i(x), \quad i = 1,2,\cdots,\infty \tag{3}$$

对式（3）两边进行拉普拉斯变换得到模态坐标下的传递函数

$$(s^2 + p_i^2)\eta_i(s) = p(t)\varphi_i(x) \tag{4}$$

模态坐标下的传递函数为

$$H_i = \frac{\eta_i(s)}{p(s)} = \frac{\varphi_i(x)}{s^2 + p_i^2} \tag{5}$$

或

$$\eta_i(s) = H_i p(s), \quad i = 1,2,\cdots,\infty$$

对式（2）进行拉普拉斯变换得

$$y(x,s) = \sum_{i=1}^{\infty} \varphi_i(x)\eta_i(s) = \sum \varphi_i(x)H_i p(s)$$

$$= \sum_{i=1}^{n}\left[\varphi_i(x)\frac{\varphi_i(b)}{s^2 + p_i^2}\right]p(s) = \sum_{i=1}^{n}\frac{\varphi_i(x)\varphi_i(b)}{s^2 + p_i^2}p(s) \tag{6}$$

当给定 $x=a$ 的输出点时，则 x 截面处的输出为

$$y(a,s) = \sum_{i=1}^{n}\left[\varphi_i(x)\frac{\varphi_i(b)}{s^2 + p_i^2}\right]p(s) = \sum_{i=1}^{n}\frac{\varphi_i(a)\varphi_i(b)}{s^2 + p_i^2}p(s) \tag{7}$$

设

$$G_i(s) = \frac{\varphi_i(a)\varphi_i(b)}{s^2 + p_i^2} = H_i\varphi_i(a) \tag{8}$$

其中，$G_i(s)$ 为物理坐标系下的传递函数，根据传递函数的运算规则，则式（7）可以看成是有多个子系统的传递函数的并联，则系统的响应为

$$y(a,s) = \sum_{i=1}^{\infty} G_i(s)p(s) \tag{9}$$

值得注意的是，高阶模态的传递函数对相应的贡献越来越小，所以可以采取有限项来进行仿真。

3. 仿真实例与结果分析

考察一个两端简支的桥梁简化模型，如图 B-1
所示，跨度 $l = 80\mathrm{m}$，弯曲刚度 $EI = 9500 \times 10^8\,\mathrm{N \cdot m^2}$，
单位长度质量 $\rho = 700 \times 10^3\,\mathrm{kg/m}$，将传感器安放在 a
处，载荷 $p(t)$ 作用在 b 处，应用传递函数分析方法
求系统的响应。

根据振动理论可以得到该问题的各阶模态频率和模
态函数分别为

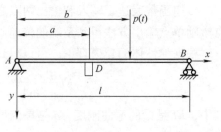

图　B-1

$$p_i = \sqrt{\frac{EI}{\rho}}\frac{i^2\pi^2}{l^2}, \quad \varphi_i(x) = \sqrt{\frac{2}{\rho l}}\sin\frac{i\pi x}{l} \quad i = 1,2,\cdots$$

根据式（8），可以得到两点之间的传递函数为

$$G_{(a,b)i}(s) = \frac{\varphi_i(a)\varphi_i(b)}{s^2 + p_i^2} = \frac{2}{\rho \cdot l}\frac{\rho \cdot l^4\sin\dfrac{i\pi}{l}a \cdot \sin\dfrac{i\pi b}{l}}{\rho l^4 s^2 + EIi^4\pi^4}$$

$$= 2l^3\frac{\sin\dfrac{i\pi a}{l} \cdot \sin\dfrac{i\pi b}{l}}{\rho l^4 s^2 + EIi^4\pi^4}$$

或

$$G_{(a,b)i}(s) = 1024\frac{\sin 0.0393ia \cdot \sin 0.0393ib}{28672 \times 10^2 s^2 + 92351 \times 10^6 i^4}$$

当 $a = 20\mathrm{m}$，$b = 50\mathrm{m}$，则

$$G_{(20,50)i}(s) = 1024\frac{\sin 0.786i \cdot \sin 1.965i}{28672 \times 10^2 s^2 + 92351 \times 10^6 i^4}$$

忽略高阶模态的影响，取 $n = 5$ 做近似计算，得

$$p_1 = 1.7965, \quad G_1(s) = \frac{2.3331\mathrm{e}-8}{s^2 + 1.7965 \times 1.7965}$$

$$p_2 = 7.8161, \quad G_2(s) = \frac{-2.5254\mathrm{e}-8}{s^2 + 7.8161 \times 7.8161}$$

$$p_3 = 16.1687, G_3(s) = \frac{-9.6642\mathrm{e}-8}{s^2 + 16.1687 \times 16.1687}$$

$$p_4 = 28.7444, G_4(s) = \frac{4.3743\mathrm{e}-9}{s^2 + 28.7444 \times 28.7444}$$

$$p_5 = 44.9131, G_5(s) = \frac{9.6642\mathrm{e}-9}{s^2 + 44.9131 \times 44.9131}$$

根据式（9），可以得到 Simulink 仿真框图如图 B-2a 所示。仿真结果如图 B-2b 所示。改变
仿真步长可得如图 B-2c 所示的仿真结果。

根据振动理论，可以得到该问题的精确解

$$y(x,t) = \frac{2}{\rho l}\sum_{i=1}^{\infty}\frac{\sin\dfrac{i\pi}{l}x \cdot \sin\dfrac{i\pi}{l}b}{p_i^2 - \omega^2}\left(\sin\omega t - \frac{\omega}{p_i}\sin p_i t\right)$$

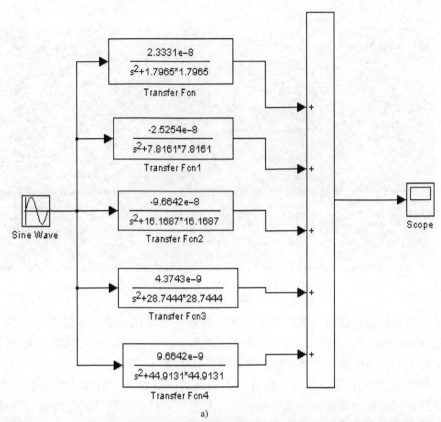

a)

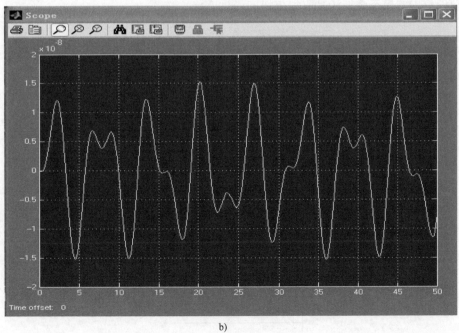

b)

图　B-2

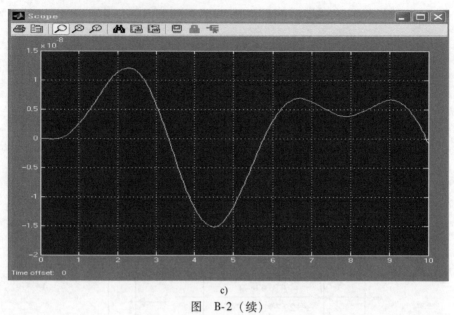

c)

图　B-2（续）

为了和仿真解进行比较，取前五项求和。将每一项采用一个子系统表示，图 B-3a 所示的子系统 Subsystem，Subsystem1，Subsystem2，Subsystem3 的内部结构与第一项相同，精确解表达式中的 $x = a = 20$，$\omega = 1$，$b = 50$。仿真结果如图 B-3b 所示。

通过改变 a，b 的位置，可以得到各个不同点的响应曲线。值得注意的是，本例中只取了五项研究，可以进一步验证，取前两三项，仍然可以得到接近精确值的解。这进一步说明了，振动理论中的模态叠加法是收敛很快的逼近方法。

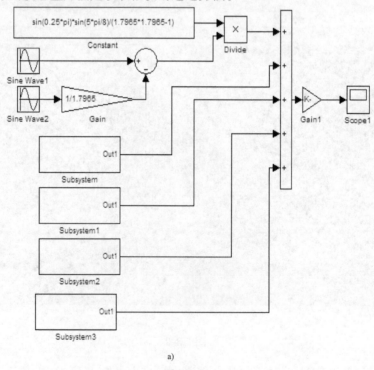

a)

图　B-3

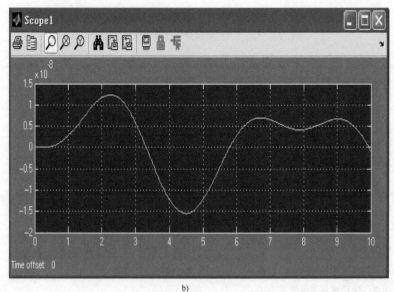

b)

图　B-3（续）

4. 个人总结

通过这次课程设计，受益颇多。首先这是对我这一学期来专业课《动力学系统建模与仿真》课本中的仿真知识的一次梳理，平时上课的时候大部分时间都是在教师的指导共同完成的，而现在每人一个负责完全不同的题目，得完全依靠自己慢慢研究、学习，对不懂的问题查阅和查找资料，虽然感觉过程很漫长，却真的从中学到了很多知识。

这次动力学系统仿真的实践还是有点挑战性的。对于理论知识，明显掌握不足，悬臂梁的振动响应函数问题，由于自己储备的知识和可利用的资源有限，所以花费了很长时间才弄清楚。其次是模态函数，模态函数在解决多自由度问题时显得很专业，通过巧妙的坐标变换解耦，再代回原物理方程中，可惜自己理解不到位，不能很好地应用。还有传递函数，通过拉普拉斯变换，在处理线性问题上显得尤为有效。所以自我提高是相当重要的，不懂得自己找书慢慢看，慢慢理解，把书本上的知识重新梳理，构建了一个属于自己的知识框架，这种能力对以后学习和工作都有益处。

通过课程设计，我对动力学系统建模与仿真这门课程有了更好的更有层次的掌握，在课程设计过程中通过解决疑难点问题，从而提高了解决问题的能力，这对我以后在建模仿真方面进一步学习其他知识奠定了基础，激励着自己对知识一如既往保持着饥渴、不懈怠、不停顿。再一次感谢敬爱的老师不倦指导。

虽然这只是一次小小的课程设计，但我的确从中获益匪浅。

5. 参考文献

[1] 黄昭度，纪辉玉. 分析力学 [M]. 北京：清华大学出版社，1985.

[2] 姚俊，马松辉. Simulink 建模与仿真 [M]. 西安：西安电子科技大学出版社，2003.

[3] 王划一，杨西侠，林家恒. 现代控制理论基础 [M]. 北京：国防工业出版社，2009.

[4] 黄永安，马路，刘慧敏. MATLAB7.0/SIMULINK6.0 建模仿真开发与高级应用 [M]. 北京：清华大学出版社，2005.

[5] 倪振华. 振动力学 [M]. 西安：西安交通大学出版社，1986.

[6] 方同，薛璞. 振动理论及应用 [M]. 西安：西北工业大学出版社，1998.

[7] 滕军. 结构振动控制的理论、技术和方法 [M]. 北京：科学出版社，2009.

附录 C　Matlab 命令汇总

管理命令和函数			
help	在线帮助文件	lookfor	通过 help 条目搜索关键字
doc	装入超文本说明	which	定位函数和文件
what	M、MAT、MEX 文件的目录列表	Demo	运行演示程序
type	列出 M 文件	Path	控制 Matlab 的搜索路径
管理变量和工作空间			
Who	列出当前变量	Pack	整理工作空间内存
Whos	列出当前变量（长表）	Size	矩阵的尺寸
Load	从磁盘文件中恢复变量	Length	向量的长度
Save	保存工作空间变量	disp	显示矩阵内容
Clear	从内存中清除变量和函数		
与文件和操作系统有关的命令			
cd	改变当前工作目录	!	执行 DOS 操作系统命令
Dir	目录列表	Unix	执行 UNIX 操作系统命令并返回结果
Delete	删除文件	Diary	保存 Matlab 任务
Getenv	获取环境变量值		
控制命令窗口			
Cedit	设置命令行编辑	Format	设置输出格式
Clc	清除命令行窗口	Echo	底稿文件内使用的回显命令
Home	光标置左上角	more	在命令窗口中控制分页输出
启动、退出 Matlab 和一般信息			
Quit	退出 Matlab	Subscribe	成为 Matlab 的订购用户
Startup	引用 Matlab 时所执行的 M 文件	hostid	Matlab 主服务程序的识别代号
Matlabrc	主启动 M 文件	Whatsnew	在说明书中未包含的新信息
Info	Matlab 系统信息及 Mathworks 公司信息	Ver	版本信息
操作符和特殊字符			
+	加	,	逗号
−	减	;	分号
*	矩阵乘法	%	注释
.*	数组乘法	!	感叹号
^	矩阵幂	'	转置或引用
.^	数组幂	=	赋值
\	左除或反斜杠	= =	相等
/	右除或斜杠	< >	关系操作符
./	数组除	Kron	Kronecker 张量积

（续）

操作符和特殊字符			
:	冒号	&	逻辑与
( )	圆括号	|	逻辑或
[ ]	方括号	~	逻辑非
.	小数点	xor	逻辑异或
..	父目录	…	继续

逻辑函数			
Exist	检查变量或函数是否存在	Find	找出非零元素的索引号
Any	向量的任一元为真，则其值为真	All	向量的所有元为真，则其值为真

三角函数			
Sin	正弦	Atanh	反双曲正切
Sinh	双曲正弦	Sec	正割
Asin	反正弦	Sech	双曲正割
Asinh	反双曲正弦	Asech	反双曲正割
Cos	余弦	Csc	余割
Cosh	双曲余弦	Csch	双曲余割
Acos	反余弦	Acsc	反余割
Acosh	反双曲余弦	Acsch	反双曲余割
Tan	正切	Cot	余切
Tanh	双曲正切	Coth	双曲余切
Atan	反正切	Acot	反余切
Atan2	四象限反正切	Acoth	反双曲余切

指数函数		复数函数	
Exp	指数	Argle	相角
Log	自然对数	Conj	复共轭
Log10	常用对数	Image	复数虚部
Sqrt	平方根	Real	复数实部
Abs	绝对值		

其他函数			
Heaviside	阶跃函数	dirac	脉冲函数

数值函数			
Fix	朝零方向取整	Round	朝最近的整数取整
Floor	朝负无穷大方向取整	Rem	除后取余
Ceil	朝正无穷大方向取整	Sign	符号函数

（续）

基本矩阵			
Zeros	零矩阵	Randn	正态分布的随机数矩阵
Ones	全"1"矩阵	Logspace	对数间隔的向量
Eye	单位矩阵	Meshgrid	三维图形的 X 和 Y 数组
Rand	均匀分布的随机数矩阵	:	规则间隔的向量
特殊变量和常数			
Ans	当前的答案	Flops	浮点运算次数
Eps	相对浮点精度	Nargin	函数输入变量数
Realmax	最大浮点数	Nargout	函数输出变量数
Realmin	最小浮点数	Computer	计算机类型
pi	圆周率	Isieee	当计算机采用 IEEE 算术标准时，其值为真
i, j	虚数单位	Why	简明的答案
Inf	无穷大	Version	Matlab 版本号
Nan	非数值		
时间和日期			
Clock	时钟	Tic	秒表开始计时
Date	日历	Toc	计时函数
Etime	计时函数	Cputime	CPU 时间（以 s 为单位）
矩阵操作			
Diag	建立和提取对角阵	Hadamard	哈达玛矩阵
Fliplr	矩阵做左右翻转	Hankel	汉克尔矩阵
Flipud	矩阵做上下翻转	Hilb	希尔伯特矩阵
Reshape	改变矩阵大小	Invhilb	逆希尔伯特矩阵
Rot90	矩阵旋转 90°	Kron	克罗内克张量积
Tril	提取矩阵的下三角部分	Magic	魔方矩阵
Triu	提取矩阵的上三角部分	Toeplitz	托普利茨矩阵
:	矩阵的索引号，重新排列矩阵	Vander	范德蒙德矩阵
Compan	伴随矩阵		
矩阵分析		线性方程	
Cond	计算矩阵条件数	\ 和/	线性方程求解
Norm	计算矩阵或向量范数	Chol	楚列斯基分解
Rcond Linpack	逆条件值估计	Lu	高斯消元法求系数矩阵
Rank	计算矩阵的秩	Inv	矩阵求逆
Det	计算矩阵行列式值	Qr	正交三角矩阵分解（QR 分解）
Trace	计算矩阵的迹	Pinv	矩阵伪逆
Null	零矩阵	Orth	正交化

（续）

特征值和奇异值			
Eig	求特征值和特征向量	Cdf2rdf	变复对角矩阵为实分块对角形式
Poly	求特征多项式	Schur	Schur 分解
Hess	Hessberg 形式	Balance	矩阵均衡处理以提高特征值精度
Qz	广义特征值	Svde	奇异值分解
矩阵函数			
Expm	矩阵指数	Logm	矩阵对数
Expm1	实现 expm 的 M 文件	Sqrtm	矩阵开平方根
Expm2	通过泰勒级数求矩阵指数	Funm	一般矩阵的计算
Expm3	通过特征值和特征向量求矩阵指数		
泛函——非线性数值方法			
Ode23	低阶法求解常微分方程	Fmin	单变量函数的极小变化
Ode23p	低阶法求解常微分方程并绘出结果图形	Fmins	多变量函数的极小化
Ode45	高阶法求解常微分方程	Fzero	找出单变量函数的零点
Quad	低阶法计算数值积分	Fplot	函数绘图
Quad8	高阶法计算数值积分		
多项式函数			
Roots	求多项式根	Polyfit	数据的多项式拟合
Poly	构造具有指定根的多项式	Polyder	微分多项式
Polyvalm	带矩阵变量的多项式计算	Conv	多项式乘法
Residue	部分分式展开（留数计算）	Deconv	多项式除法
建立和控制图形窗口			
Figure	建立图形	Clf	清除当前图形
Gcf	获取当前图形的句柄	Close	关闭图形
建立和控制坐标系			
Subplot	在标定位置上建立坐标系	Axis	控制坐标系的刻度和形式
Axes	在任意位置上建立坐标系	Caxis	控制伪彩色坐标刻度
Gca	获取当前坐标系的句柄	Hold	保持当前图形
Cla	清除当前坐标系		
句柄图形对象			
Figure	建立图形窗口	Surface	建立曲面
Axes	建立坐标系	Image	建立图像
Line	建立曲线	Uicontrol	建立用户界面控制
Text	建立文本串	Uimen	建立用户界面菜单
Patch	建立图形填充块		

(续)

句柄图形操作			
Set	设置对象	Newplot	预测 nextplot 性质的 M 文件
Get	获取对象特征	Gco	获取当前对象的句柄
Reset	重置对象特征	Drawnow	填充未完成绘图事件
Delete	删除对象	Findobj	寻找指定特征值的对象
打印和存储			
Print	打印图形或保存图形	Orient	设置纸张取向
Printopt	配置本地打印机缺省值	Capture	屏幕抓取当前图形
基本 X—Y 图形			
Semilogx	半对数坐标图形（X 轴为对数坐标）	Semilogy	半对数坐标图形（Y 轴为对数坐标）
Plot	线性图形	Fill	绘制二维多边形填充图
Loglog	对数坐标图形		
特殊 X—Y 图形			
Polar	极坐标图	Rose	角度直方图
Bar	条形图	Compass	区域图
Stem	离散序列图或杆图	Feather	箭头图
Stairs	阶梯图	Fplot	绘图函数
Errorbar	误差条图	Comet	星点图
Hist	直方图		
图形注释			
Title	图形标题	Text	文本注释
Xlabel	X 轴标记	Gtext	用鼠标放置文本
Ylabel	Y 轴标记	Grid	网格线
Matlab 编程语言			
Function	增加新的函数	Feval	执行由字串指定的函数
Eval	执行由 Matlab 表达式构成的字串	Global	定义全局变量
程序控制流			
If	条件执行语句	For	重复执行指定次数（循环）
Else	与 if 命令配合使用	While	重复执行不定次数（循环）
Elseif	与 if 命令配合使用	Break	终止循环的执行
End	For，while 和 if 语句的结束	Error	显示信息并终止函数的执行
Return	返回引用的函数		
交互输入			
Input	提示用户输入	Pause	等待用户响应
Keyboard	像底稿文件一样使用键盘输入	Uimenu	建立用户界面菜单
Menu	产生由用户输入选择的菜单	Uicontrol	建立用户界面控制

（续）

一般字符串函数			
Strings	Matlab 中有关字符串函数的说明	Str2mat	从各个字符串中形成文本矩阵
Abs	变字符串为数值	Deblank	删除尾部的空串
Setstr	变数值为字符串	Blanks	空串
Isstr	当变量为字符串时其值为真	Eval	执行由 Matlab 表达式组成的串
字符串比较			
Strcmp	比较字符串	Lower	变字符串为小写
Findstr	在一字符串中查找另一个子串	Isspace	当变量为空白字符时，其值为真
Upper	变字符串为大写	Isletter	当变量为字母时，其值为真
字符串与数值之间变换			
Sprintf	变数值为格式控制下的字符串	Sscanf	变字符串为格式控制下的数值
Int2str	变整数为字符串	Num2str	变数值为字符串
Str2num	变字符串为数值		
十进制与十六进制数之间变换			
Hex2num	变十六进制为 IEEE 标准下的浮点数		
Hex2dec	变十六进制数为十进制数		
Dec2hex	变十进制数为十六进制数		
建模			
Append	追加系统动态特性	Conv	两个多项式的卷积
Augstate	变量状态作为输出	Drmodel	产生随机离散模型
Blkbuild	从框图中构造状态空间系统	Destim	从增益矩阵中形成离散状态估计器
Cloop	系统的闭环	Connect	框图建模
Dreg	从增益矩阵中形成离散控制器和估计器	Estim	从增益矩阵中形成连续状态估计器
Reg	从增益矩阵中形成连续控制器和估计器	Ord2	产生二阶系统的 A、B、C、D
Pade	时延的 Pade 近似	Parallel	并行系统连接
Rmodel	产生随机连续模型	Feedback	反馈系统连接
ssselect	从大系统中选择子系统	Series	串行系统连接
Ssdelete	从模型中删除输入、输出或状态		
模型变换			
C2d	变连续系统为离散系统	Poly	变根值表示为多项式表示
C2dm	利用指定方法变连续系统为离散系统	Ss2tf	变状态空间表示为传递函数表示
C2dt	带一延时变连续为离散系统	Residue	部分分式展开
D2c	变离散系统为连续系统	Ss2zp	变状态空间为零极点表示
D2cm	利用指定方法变离散系统为连续系统	Tf2zp	变传递函数表示为零极点表示
Tf2ss	变传递函数表示为状态空间表示	Zp2ss	变零极点表示为状态空间表示
Zp2tf	变零极点表示为传递函数表示		

（续）

模型简化		模型实现	
Balreal	平衡实现	Ss2ss	采用相似变换
Dbalreal	离散平衡实现	Canon	正则形式
Dmodred	离散模型降阶	Ctrbf	可控阶梯形
Minreal	最小实现和零极点对消	Obsvf	可观阶梯形
Modred	模型降阶		

模型特性			
Covar	相对于白噪声的连续协方差响应	Dcovar	相对于白噪声的离散协方差响应
Ctrb	可控性矩阵	Ddcgain	离散系统增益
Damp	阻尼系数和固有频率	Dgram	离散可控性和可观性
Dcgain	连续稳态（直流）增益	Tzero2	利用随机扰动法传递零点
Ddamp	离散阻尼系数和固有频率	Printsys	按格式显示系统
Dsort	按幅值排序离散特征值	Roots	多项式的根
Eig	特征值和特征向量	Tzero	传递零点
Esort	按实部排序连续特征值	Obsv	可观性矩阵
Gram	可控性和可观性		

时域响应			
Dimpulse	离散时间单位冲激响应	Dlsim	任意输入下的离散时间仿真
Dinitial	离散时间零输入响应	Ltitr	低级时间响应函数
Initial	连续时间零输入响应	Lsim	任意输入下的连续时间仿真
Dstep	离散时间阶跃响应	Step	阶跃响应
Filter	单输入单输出 Z 变换仿真	Stepfun	阶跃函数
Impulse	冲激响应		

频域响应			
Bode	Bode 图（频域响应）	Dsigma	离散奇异值频域图
Dbode	离散 Bode 图	Fbode	连续系统的快速 Bode 图
Dnichols	离散 Nichols 图	Freqs	拉普拉斯变换频率响应
Dnyquist	离散 Nyquist 图	Freqz	Z 变换频率响应
Ltifr	低级频率响应函数	Ngrid	画 Nichols 图的栅格线
Margin	增益和相位裕度	Nyquist	Nyquist 图
Nichols	Nichols 图	Sigma	奇异值频域图

根轨迹			
Pzmap	零极点图	Sgrid	在网格上画连续根轨迹
Rlocfind	交互式地确定根轨迹增益	Zgrid	在网格上画离散根轨迹
Rlocus	画根轨迹		

（续）

增益选择			
Lqrd	基于连续代价函数的离散调节器设计	Lqed	基于连续代价函数的离散估计器设计
Lqr2	利用 Schur 法设计线性二次调节器	Lqe2	利用 Schur 法设计线性二次估计器
Dlqew	离散线性二次估计器设计	Lqew	一般线性二次估计器设计
Dlqr	离散线性二次调节器设计	Lqr	线性二次调节器设计
Dlqry	输出加权的离散调节器设计	Acker	单输入单输出极点配置
Lqe	线性二次估计器设计	Place	极点配置
Lqry	输出加权的调节器设计	Dlqe	离散线性二次估计器设计
方程求解		演示示例	
Are	代数 Riccati 方程求解	Ctrldemo	控制工具箱介绍
Dlyap	离散 Lyapunov 方程求解	Boildemo	锅炉系统的 LQG 设计
Lyap2	利用对角化求解 Lyapunov 方程	Jetdemo	喷气式飞机偏航阻尼的典型设计
Lyap	连续 Lyapunov 方程求解	Diskdemo	硬盘控制器的数字控制
		Kalmdemo	Kalman 滤波器设计和仿真
实用工具			
Abcdchk	检测（A、B、C、D）组的一致性	Dfrqint2	离散 Nyquist 图的自动定范围的算法
Chop	取 n 个重要的位置	Dexresp	离散取样响应函数
Dtimvec	离散时间响应的自动定范围的算法	Dfrqint	离散 Bode 图的自动定范围的算法
Dmulresp	离散多变量响应函数	Freqresp	低级频率响应函数
Distsl	到直线间的距离	Givens	旋转
Nargchk	检测 M 文件的变量数	Housh	构造 Householder 变换
Dsigma2	DSIGMA 实用工具函数	Lab2ser	变标号为字符串
Exresp	取样响应函数	Mulresp	多变量响应函数
Vsort	匹配两根轨迹的向量	Dric	离散 Riccati 方程留数计算
Freqint2	Nyquist 图的自动定范围算法	Imargin	利用内插技术求增益和相位裕度
Perpxy	寻找最近的正交点	Ric	Riccati 方程留数计算
Poly2str	变多项式为字符串	Schord	有序 Schwr 分解
Printmat	带行列号打印矩阵	Sigma2	Sigma 使用函数
Tfchk	检测传递函数的一致性	Tzreduce	在计算过零点时简化系统
Timvec	连续时间响应的自动定范围的算法	Freqint	Bode 图的自动定范围的算法

附录 D　Matlab/Simulink 部分功能设置

1. 数据精度设置

Matlab 里面显示的数字默认情况下是以 short 类型进行显示和存储的。但是有时候需要对它的显示格式（精度）进行更改，以适合我们的需求。更改方法如下：

打开 Matlab，选择 File→Perferrence – Command – Windows，找到 Numeric 然后选择 Long；以及在 Array Editor 中找到 Format 下的 Default array fomat 中选择 Long 即可。

2. 解除子系统

在 Edit Mask 时，单击按钮 Unmask 可解除封装。

参 考 文 献

[1] 王砚，黎明安，等. Matlab/Simulink 动力学系统建模与仿真 ［M］. 北京：机械工业出版社，2019.

[2] 黎明安. 动力学控制基础与应用 ［M］. 北京：国防工业出版社，2013.

[3] 倪振华. 振动力学 ［M］. 西安：西安交通大学出版社，1986.

[4] 方同，薛璞. 振动理论及应用 ［M］. 西安：西北工业大学出版社，1998.

[5] 滕军. 结构振动控制的理论、技术和方法 ［M］. 北京：科学出版社，2009.

[6] 王砚，武吉梅，等. 工程振动分析 ［M］. 北京：印刷工业出版社，2016.

[7] 刘延柱，陈立群，等. 振动力学 ［M］. 北京：高等教育出版社，2019.